普通高等教育"十三五"规划教材

设 计 图 学

主　编　王菊槐　林益平
副主编　刘东燊　赵近谊　江湘颜　易惠萍
主　审　胡俊红

电子工业出版社
Publishing House of Electronics Industry
北京·BEIJING

内 容 简 介

本书根据教育部工程图学教学指导委员会课程教学基本要求编写,结合多年的教学经验,特别是设计艺术类专业需求。全书共 10 章,主要内容包括:绪论、投影基础、制图基本知识、立体的投影、轴测图、物件常用表达方法、工程图样简介、表面展开图、透视图基础、计算机绘图等。本套教材提供配套电子课件、电子挂图、参考答案、试题及解答等。

与本书配套使用的《设计图学习题集》(王菊槐、赵近谊主编)同步出版,可供选用。本书适用于高等学校设计艺术类,以及电子信息类、管理工程与理科类(30~65 学时)各专业,也可供相关专业技术人员参考。

未经许可,不得以任何方式复制或抄袭本书之部分或全部内容。
版权所有,侵权必究。

图书在版编目(CIP)数据

设计图学/王菊槐,林益平主编. —北京:电子工业出版社,2019.1
ISBN 978-7-121-35769-5

Ⅰ.①设… Ⅱ.①王… ②林… Ⅲ.①工程制图-高等学校-教材 Ⅳ.①TB23

中国版本图书馆 CIP 数据核字(2018)第 273453 号

策划编辑:王羽佳
责任编辑:王羽佳
  印   刷:三河市鑫金马印装有限公司
  装   订:三河市鑫金马印装有限公司
出版发行:电子工业出版社
          北京市海淀区万寿路 173 信箱 邮编 100036
开   本:787×1 092 1/16 印张:14 字数:359 千字
版   次:2019 年 1 月第 1 版
印   次:2019 年 1 月第 1 次印刷
定   价:39.90 元

凡所购买电子工业出版社图书有缺损问题,请向购买书店调换。若书店售缺,请与本社发行部联系,联系及邮购电话:(010)88254888,88258888。
质量投诉请发邮件至 zlts@phei.com.cn,盗版侵权举报请发邮件至 dbqq@phei.com.cn。
本书咨询联系方式:wyj@phei.com.cn,(010)88254535。

前　言

本书结合作者多年的教学经验，特别是设计艺术类的"设计图学"教学实践，并吸收兄弟院校近年来的教学改革的经验编写而成。与本书配套使用的《设计图学习题集》（王菊槐、赵近谊主编）同步出版，可供选用。

本书共 10 章，主要特点如下：

（1）体现了艺术类设计制图特色。艺术设计类专业牵涉面广，通常包括产品造型、环境艺术、包装设计、装潢与广告设计、媒体与服装设计等专业方向。本书淡化了工科色彩，将零件图、装配图及建筑图合成为工程图样进行简单介绍，将标准件（常用件）整合到属性相同的"物件常用表达方法"一章进行简介，突出了艺术类要求的投影制图的基本理论中共性知识的介绍。

（2）重视了对绪论的编写。从设计的起源到现代工业设计，从图形表达的历史渊源到现代工程图学的发展，本书均进行了简要介绍，使得本书的开篇具有趣味性与厚重感。同时，明确了该课程的研究内容与学习任务，简单介绍了该课程的具体学习方法。试图从较高的视角来全面审视课程的地位，从而明确学习该课程的必要性与重要性。

（3）改进了投影理论的表述方式。本书以研究"体"的投影规律为出发点，再研究构成"体"的基本几何元素（点、线、面），最后再返回到"体"的投影研究。并将对"点、线、面"的空间分析融入"体"的投影中，从"知其然"再到"知其所以然"，符合人们认知事物的客观规律。将截切和相贯的内容与组合体合编成章，使得教学内容的衔接更系统。

（4）坚持基础理论以实践应用为目的。以"必需、够用"为指导思想，教材内容的选择及体系结构力求体现本科设计艺术类特色。图例的选择注意从日常生活与用品中提取几何形体进行分析，增加了内容的可读性。注重"仪器绘图、徒手草图、计算机绘图"三大技能以及空间分析能力与创新能力的培养。考虑到设计艺术类的实际需要，较之工科类教材增加了"透视图基础"，使其与设计素描、结构素描、表现技法等课程相呼应。

（5）注重了对教学内容的递进与框架设计。考虑到只有建立起基本的投影体系，并完成一定的习题作业后，再用图纸进行尺规绘图，教学的成效才会更佳，所以本书将制图基本知识（技术制图国家标准）等陈述性内容安排在了投影基础理论之后。考虑到计算机绘图相对集中安排上机较为便利，所以计算机绘图部分独立成章。全书贯彻了最新国家标准。

本书适用于普通高等学校设计艺术类，以及电子信息类、管理工程类等各专业（30～65 学时），也可供相关专业技术人员参考。本套教材提供配套电子课件、电子挂图、参考答案、试题及解答等，请登录华信教育资源网 http://www.hxedu.com.cn 免费注册下载。

本书由王菊槐、林益平担任主编。参加编写的有：王菊槐（绪论、第 1 章、第 4 章）；赵近谊、金仁钢（第 2 章）；赵近谊、江湘颜（第 3 章）；易惠萍、刘东燊（第 5 章）；刘东燊、谭桂辉(第6章);林益平(第7章、第9章);王菊槐、杨扬(第8章)。

  湖南工业大学设计艺术学院胡俊红教授审阅了本书。湖南省工程图学学会理事长尚建忠教授对本书的编写提出了许多宝贵的意见和建议,湖南工业大学教务处对本书的出版给予了大力的支持,在此一并致谢!

编　者

2019 年 1 月

目 录

第 0 章　绪论 ··· 1
　0.1　设计的起源与现代工业设计 ·· 1
　0.2　本课程的研究对象与内容 ·· 4
　0.3　本课程的历史形成与发展 ·· 8
　0.4　本课程的任务与基本技能 ·· 10
　0.5　本课程的学习方法 ·· 18
第 1 章　投影基础 ·· 19
　1.1　投影法概述 ·· 19
　1.2　三面投影 ·· 21
　1.3　点、直线、平面的投影 ·· 23
　1.4　直线与平面、两平面的相对位置 ·· 34
　1.5　基本立体的投影 ··· 38
第 2 章　制图基本知识 ·· 44
　2.1　制图国家标准简介 ·· 44
　2.2　绘图工具和仪器的使用 ·· 51
　2.3　常见几何作图方法 ·· 52
　2.4　平面图形画法与尺寸标注 ·· 57
　2.5　手工绘图方法与步骤 ··· 59
第 3 章　立体的投影 ··· 62
　3.1　立体的截切 ·· 62
　3.2　立体的相贯 ·· 73
　3.3　组合体及其视图 ··· 78
　3.4　组合体的尺寸标注 ·· 87
　3.5　立体的构型设计 ··· 91
第 4 章　轴测图 ·· 94
　4.1　轴测投影基础 ··· 94
　4.2　正等轴测图及画法 ·· 95
　4.3　斜二轴测图及画法 ·· 101
　4.4　剖视轴测图 ·· 103
第 5 章　物件常用表达方法 ·· 106
　5.1　视图 ·· 106
　5.2　剖视图 ·· 109

V

  5.3 断面图 ……………………………………………………………………… 116
  5.4 其他表达方法 …………………………………………………………… 119
  5.5 综合应用举例 …………………………………………………………… 123
  5.6 特殊表达方法 …………………………………………………………… 125

第6章 工程图样简介 …………………………………………………………… 134
  6.1 零件图的内容及视图表达 ……………………………………………… 134
  6.2 零件图的尺寸与技术要求 ……………………………………………… 140
  6.3 装配图的内容与视图表达 ……………………………………………… 146
  6.4 典型装配结构画法 ……………………………………………………… 151
  6.5 装配图的识读 …………………………………………………………… 154
  6.6 建筑工程图简介 ………………………………………………………… 156

第7章 表面展开图 ……………………………………………………………… 159
  7.1 平面立体表面的展开 …………………………………………………… 160
  7.2 可展曲面的展开及其应用 ……………………………………………… 161
  7.3 包装纸盒结构设计表达 ………………………………………………… 164

第8章 透视图基础 ……………………………………………………………… 167
  8.1 透视投影概述 …………………………………………………………… 167
  8.2 平面立体的透视 ………………………………………………………… 171
  8.3 圆及曲面体的透视 ……………………………………………………… 174
  8.4 透视图中的分割与倍增 ………………………………………………… 178
  8.5 视点、画面与物体的相对位置 …………………………………………… 181

第9章 计算机绘图 ……………………………………………………………… 187
  9.1 AutoCAD 概述 …………………………………………………………… 187
  9.2 基本绘图命令 …………………………………………………………… 191
  9.3 精确绘图辅助工具 ……………………………………………………… 195
  9.4 基本编辑命令 …………………………………………………………… 198
  9.5 图层及其应用 …………………………………………………………… 205
  9.6 文字注写与尺寸标注 …………………………………………………… 207
  9.7 块及其应用 ……………………………………………………………… 210
  9.8 AutoCAD 绘制工程图样 ………………………………………………… 212
  9.9 AutoCAD 三维实体造型简介 …………………………………………… 215

参考文献 ………………………………………………………………………………… 218

第 0 章 绪 论

图样或图形是表达信息的重要工具,它较之语言文字的表达更直观、更形象。本绪论从设计的萌芽到现代工业设计进行了图样溯源,对图样表达的历史与学科的发展进行了介绍,并介绍了本课程的主要研究对象、学习内容、任务与要求,试图从较高的视角来全面审视课程的地位,从而明确学习该课程的必要性与重要性。

0.1 设计的起源与现代工业设计

1. 设计的萌芽与起源

设计是人类为了实现某种特定的目的而进行的一项创造性活动,是人类得以生存与发展的最基本的活动。从这个意义上讲,自从人类有意识地制造与使用工具和装饰品开始,人类的设计文明便开始萌发了。设计的萌芽阶段可以追溯到石器时代。远古先民们已经能够加工出石凿、石斧等原始工具来满足自身生存的需要了。其中,打制石器的时代称为"旧石器时代",图 0-1(a)所示为坦桑尼亚发现的世界上最早的石器之一;磨制石器的时代则称为"新石器时代",如图 0-1(b)、(c)所示。这一时期,"设计"者就是制造者。

(a) 最早的石器之一

(b) 石凿

(c) 钻孔石铲

图 0-1 远古时期人类使用的工具

2. 手工艺设计阶段

距今七八千年前,人类出现了社会分工,从采集、渔猎过渡到了以农业为基础的经济生活,并有了物品交换。制陶和冶炼的发现使人类认识到可以将一种物质改变成另外一种物质,随着新材料的出现,各种用品和工具也被不断创造出来,以满足社会发展的需求。人类的设计活动日益丰富并走向手工业设计的新阶段。

设计反映了时代的思想,它既体现了人类生活方式和审美意识的演变,又体现了社会生产水平的变迁。数千年漫长的发展历程至工业革命前,人类创造了光辉灿烂的手工业设计文明。图0-2所示为中国的经典手工业品。

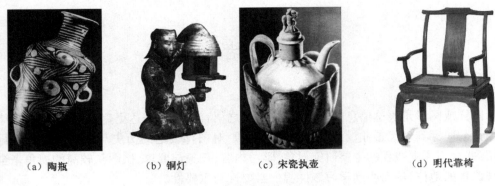

(a) 陶瓶　　　　(b) 铜灯　　　　(c) 宋瓷执壶　　　　(d) 明代靠椅

图0-2　中国的手工业品

如图0-3所示为国外工业革命前的经典手工业品。手工业时期最重要的特征是设计者就是制造者,他们的设计构思直接表达成"产品"。

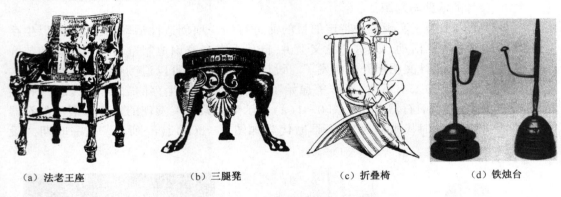

(a) 法老王座　　　(b) 三腿凳　　　(c) 折叠椅　　　(d) 铁烛台

图0-3　国外的手工业品

3. 现代工业设计阶段

随着时代的发展,人类进入了机器大生产时代。现代工业(产品)设计是以工业化大批量为条件发展起来的,它是人类设计文明的延续与发展。这个时期,设计与制造是可以分离的,其前提是图样(图纸)的出现与规范。

现代工业设计的基本程序是:设计准备 → 设计深入 → 设计完善 → 设计完成。

其具体步骤为:
(1) 提出问题,确定课题。
(2) 市场调查与资料收集。
(3) 调查结果的分析与综合。
(4) 设计定位,确立设计目标。
(5) 草图构思,功能与结构分析。
(6) 方案选定,绘制效果图与工程图。
(7) 模型与样机的试制。
(8) 设计报告书的完成。

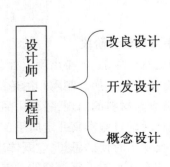

效果图:具有色彩与质感及透视效果的产品图。图0-4(a)所示为高脚凳(酒吧椅)效果图。

工程图:表达形状结构、尺寸大小、技术要求等的图样。图0-4(b)所示为高脚凳简单三视图。

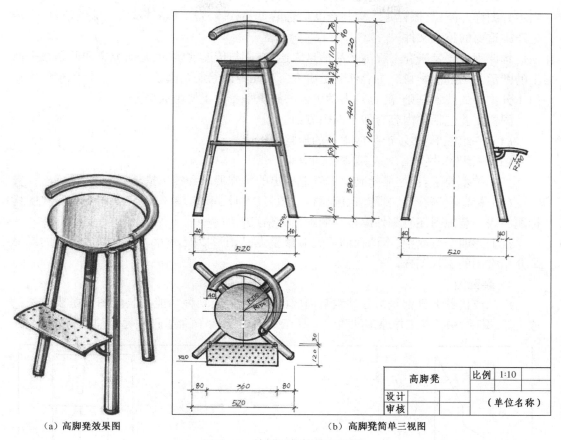

(a) 高脚凳效果图　　　　　　　　　　　(b) 高脚凳简单三视图

图0-4　效果图与简单三视图

图0-5所示为生活用品"水杯"的立体图与对应的工程图(尺寸图)。

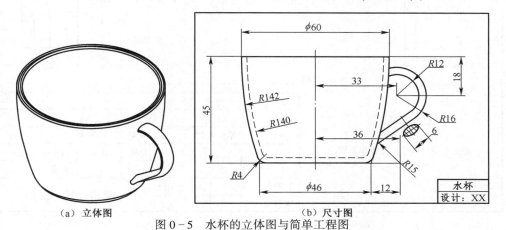

(a) 立体图　　　　　　　　(b) 尺寸图

图0-5　水杯的立体图与简单工程图

0.2 本课程的研究对象与内容

在现代工业生产中,无论是设计还是制造,大到航空航天机器设备,小到仪器仪表,都离不开图样。所以,图样是工程与产品信息的重要载体,是工程界表达、交流的语言,也是生产中重要的技术文件。

本课程主要是研究工程与产品信息表达、交流与传递的学问,是研究空间问题在平面上的图示与图解的学科。主要任务是研究工程图样的绘制与阅读。它是工科院校学生一门十分重要的技术基础课,也是大学生公共知识平台的重要组成部分。

图样主要包括的内容有如下四个方面。

(1) 一组图形:表示产品或零件的形状结构。

(2) 一组尺寸:表示产品或零件的大小。

(3) 技术要求:使产品达到工作性能提出的特殊要求和技术措施。

(4) 标题栏等:产品名称、比例、材料、图号、设计、审核、单位等信息均要填写在图样标题栏内。装配图还有零件编号与明细栏等信息。

在上述四个方面中,本课程的研究对象重点是图形以及尺寸。下面以最简单的产品来介绍常用的工程图样。

1. 装配图

产品或机器部件都是由零件组装而成的,从而实现某种功能。装配图就是表达产品或机器部件结构及其工作原理的图样。图 0-6 所示为锤子的装配图,是最简单的装配图,

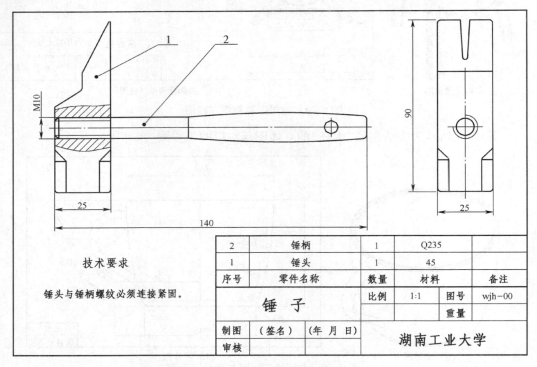

图 0-6 锤子的装配图

它反映了锤子的组装结构与总体尺寸大小,以及所使用的材料与装配要求(锤头与锤柄必须通过螺纹连接紧固)等。

组成锤子的零件主要是锤头与锤柄,图0-7所示为锤子装配体及其分解图。

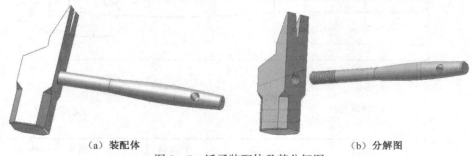

(a)装配体　　　　　　　　　　　(b)分解图

图0-7　锤子装配体及其分解图

2. 零件图

所谓零件就是产品或机器部件上不能分解的最小单元。图0-8(a)所示为"锤头"的零件图,图0-8(b)所示为"锤柄"的零件图。它们反映了零件的详细结构与尺寸、材料及其加工要求等,是制造、加工与检测的主要依据。

3. 建筑工程图

图0-9所示的建筑工程图为某建筑体的底层平面图,也称建筑施工图。它反映了房屋的形状、大小、门窗与楼梯布局、朝向等信息。

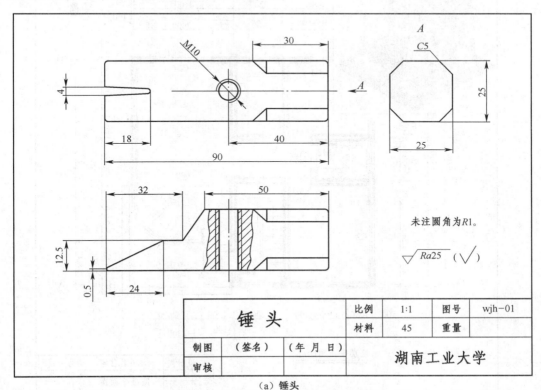

(a)锤头

图0-8　锤头、锤柄的零件图

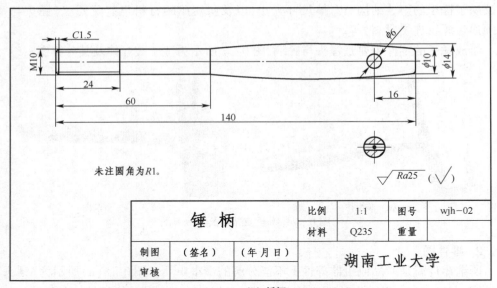

(b) 锤柄

图 0-8 锤头、锤柄的零件图(续)

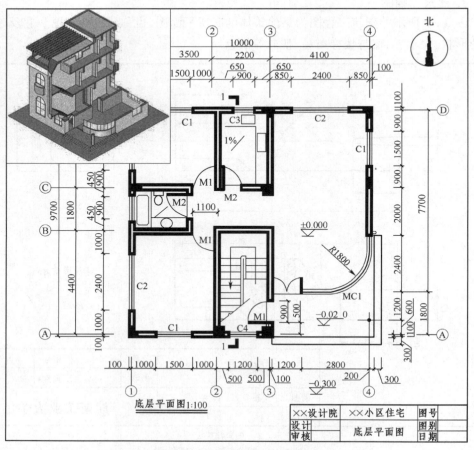

图 0-9 某建筑体底层平面图

图 0-10 所示为某住宅的装修平面布置图。它是根据室内设计原理与用户要求,对室内空间进行功能布局与划分的详细图样。

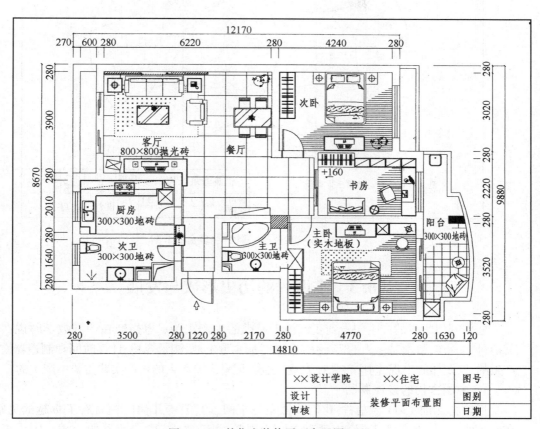

图 0-10　某住宅装修平面布置图

4. 包装纸盒展开图

图 0-11 所示为某企业"喜糖"包装盒,它是由平面卡纸经过折叠与适当粘贴而成的。其纸盒展开图如图 0-12 所示。

（a）包装盒

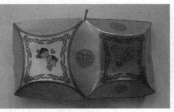
（b）半展开

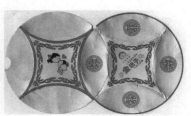
（c）完全展开

图 0-11　某企业"喜糖"包装盒

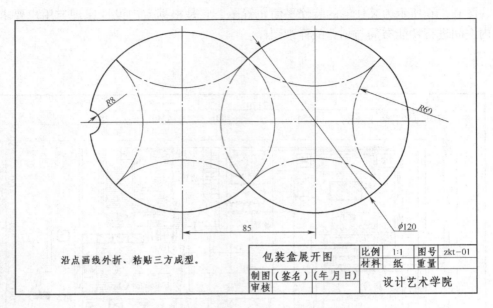

图 0-12 某企业"喜糖"包装盒展开图

0.3 本课程的历史形成与发展

任何一门学科的产生归根到底依赖于人类的生产实践。恩格斯在谈到数学时说："和其他科学一样,数学是从人的需要中产生的:从丈量土地、测量容积、计算时间和制造器物中产生的。"图样的出现,同样首先在农业、建筑、记录天象等人的生产实践需要中产生的。

1. 中国古代的设计制图

远在公元前 1500 年左右,我们的祖先对于圆、勾、股等几何问题就有了卓越的见解。在春秋时期《周礼·考工记》中就有关于"规"、"矩"、"绳"画图仪器的记载。宋代李诫所著《营造法式》中不仅有传统使用的轴测投影图,还有许多采用正投影图法绘制的图样。明代《武备志》一书中龙尾战车图不仅有外形图,还有每个零件的零件图。

图 0-13 所示为南朝宗炳(公元 375—443 年)著《画山水序》中所附的投影原理图,它形象地表现了在透明画面上表达物体的透视方法。图 0-14 所示为《营造法式》中的建筑图。

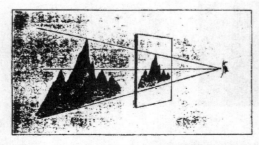

图 0-13 《画山水序》中所附的投影原理图

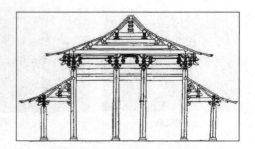

图 0-14 《营造法式》中的建筑图

图 0-15 所示为元代薛景石《梓人遗制》中的纺织机械图。图 0-16 所示为元代王祯《农书》中的农业机械图。

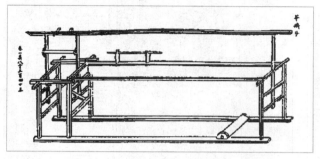
图 0-15 《梓人遗制》中的纺织机械图

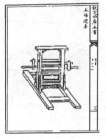

图 0-16 《农书》中的农业机械图

2. 外国古代的设计表达

几何作图规律是从各种建筑物、工事要塞及金字塔等建筑实践中总结出来的,到了晚些时期才应用到机器制造中。保存至今的古代宏伟的建筑遗迹,说明这些建筑物曾经采用过平面图和其他图样。罗马建筑师维特鲁威(Vitruvius Pollio)的《建筑十书》是这方面最古老的著作之一。图 0-17 所示为《建筑十书》中的设计插图。

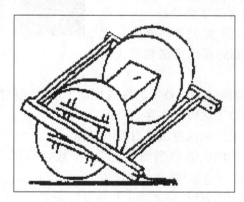

图 0-17 《建筑十书》中的设计插图

至文艺复兴时期,在意大利、荷兰和德国,建筑学与绘画术得到了蓬勃发展,外国古代的工程设计常常与艺术联系在一起,意大利工程师、学者、画家达·芬奇(Leonardo da Vinci)的大量设计作品就充分说明了这一点,如图 0-18 所示。

18 世纪的工业革命,也称产业革命,是资本主义生产从手工工厂阶段向机器大工业阶段的过渡。生产技术的根本变革与细化的社会分工,为工业产品的设计与表达提出了新的课题。

3. 现代设计的表达与发展

法国著名的几何学家和工程师蒙日(Gaspara Monge,1746—1818),如图 0-19 所示,将空间物体图像在平面上的绘制加以系统化与理论化,在 1798 年出版了著作《Geometrie Descriptive》(画法几何学),它是第一本系统阐述在平面上绘制空间形体图像一般方法的

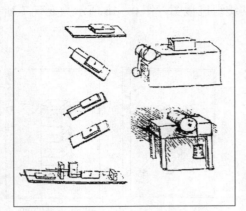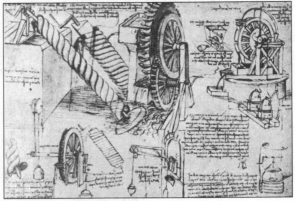

图 0-18 达·芬奇的设计草图

著作。其核心内容就是把三维空间的几何元素投射到两个正交的二维平面上,再将它们展开为一个平面并准确地表达出具有三个尺度的空间几何元素或物体。它将图形表达由经验上升到了科学,是工程图学发展史上的里程碑。

随着工业化进程的发展与技术的日新月异,逐步形成了一门包括理论图学、应用图学、计算机图学等内容的重要学科——工程图学。应用工程图学的方法,可以画出机械图、建筑图等多种形式的工程图样,为工程设计等问题提供了可靠的理论依据和解决问题的有效手段。

图 0-19 蒙日

人类进入了信息社会后,计算机辅助设计(CAD)技术的发展推动了所有领域的设计革命。设计界进入到传统经典投影制图与数字化设计并存的时代。

以计算机辅助设计技术为基础的现代设计表达方法具有如下特征:

(1)所表现的对象由二维向三维数字化实体模型演变,其全部数据可以存储和修改。

(2)实体模型的数据能够实现后续的仿真分析、自动加工和信息管理等。

(3)能够进行实体装配设计与分析,并将实体模型自动转换为传统二维投影图。

(4)能够实现在网络环境下的协同设计与数据共享。

0.4 本课程的任务与基本技能

1. 本课程的学习任务

(1)掌握平行投影法与中心投影法的原理,特别是正投影法基本理论。

(2)培养良好的空间想象能力和空间分析能力以及构思形体能力。

(3)能正确使用工具,掌握仪器绘图和徒手作图技能,具有初步的国家标准的意识。

(4)掌握计算机辅助设计(CAD)的二维画图,对计算机三维建模有基本的了解。

(5)能够绘制和阅读中等复杂程度的工程图样。

(6)培养认真、严谨、细致的工作作风与创新能力。

2. 本课程应具备的基本技能

1) 仪器绘图能力

能利用图板、丁字尺等绘图仪器,用手工的方法绘制图样,如图 0-20 所示。

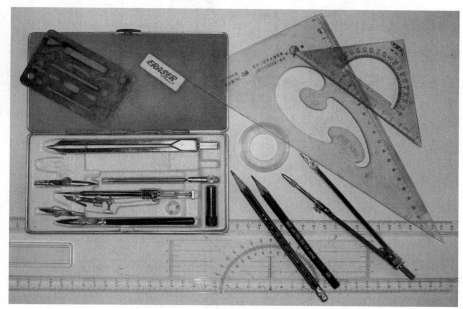

(a) 绘图仪器

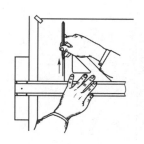  

(b) 绘图仪器的使用

图 0-20 仪器绘图

如图 0-21 所示为用图板、圆规等绘图仪器在图纸上绘制的"右端盖"零件图。

如图 0-22 所示为利用绘图仪器在图纸上绘制的"水龙头"的平面轮廓图形。

2) 徒手草图能力

(1) 设计草图。

使用铅笔徒手勾勒出的具有立体效果的创意设计草图,如图 0-23 所示。

(2) 工程草图。

图 0-24 所示为双头扳手的工程草图与立体图,工程草图是基于投影法原理并徒手绘制的。

图 0-25 所示为平面图形的草图绘制过程。先画布局基准线,再画主体部分,然后添加细节,最后整理图形、标注形体主要尺寸。

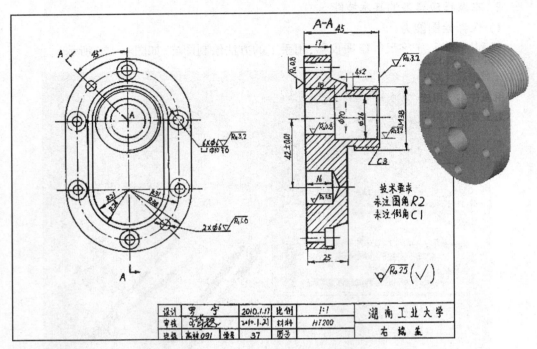

图 0-21 仪器绘图示例(一)

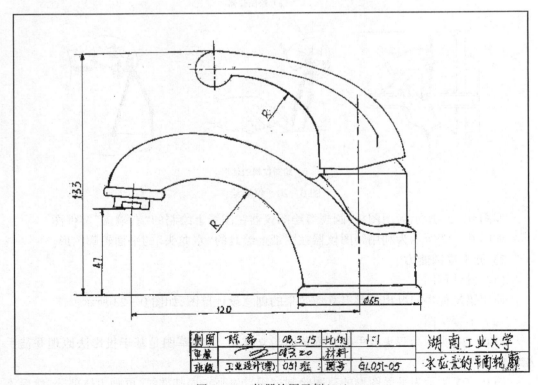

图 0-22 仪器绘图示例(二)

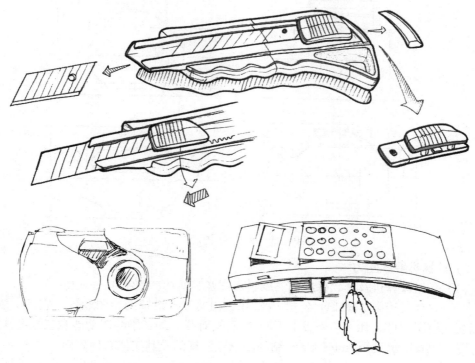

图 0-23 设计草图示例

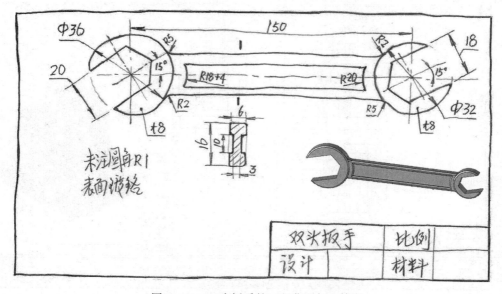

图 0-24 双头扳手的工程草图与立体图

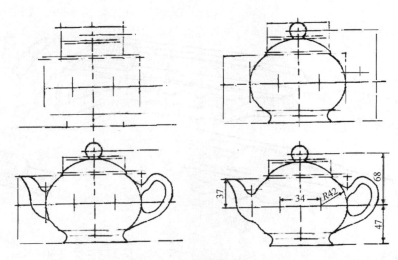

图 0-25 平面草图的绘制过程

3) 计算机绘图能力

(1) 利用计算机及其软件绘制二维投影图及其实体(示例:AutoCAD)。

AutoCAD 是美国 Autodesk 公司 1982 年推出的计算机辅助绘图软件。它是一款通用的交互式绘图软件。几十年来版本不断更新,具有强大的二维绘图功能和三维设计能力。

图 0-26 所示是用 AutoCAD 绘制的轴承座三视图及其实体软件界面。

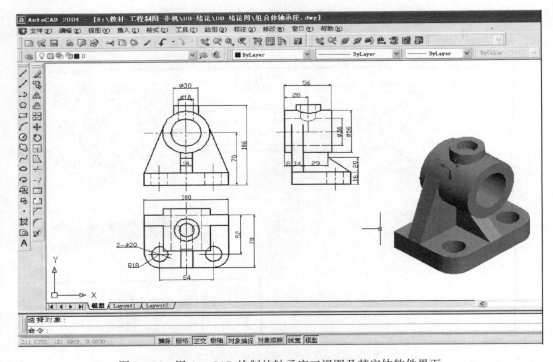

图 0-26 用 AutoCAD 绘制的轴承座三视图及其实体软件界面

图 0-27 所示是用 AutoCAD 绘制的平面图案及其软件界面。

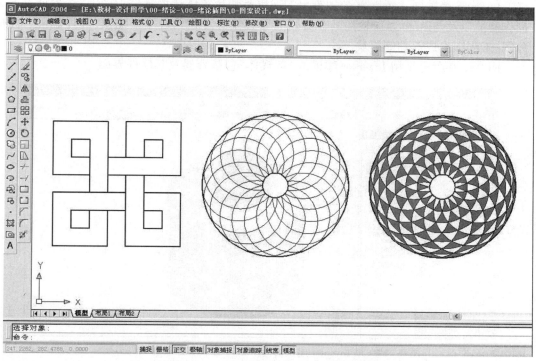

图 0-27　用 AutoCAD 绘制的平面图案及其软件界面

图 0-28 所示是用 AutoCAD 绘制的某门店大厅立面装修施工图及其软件界面。

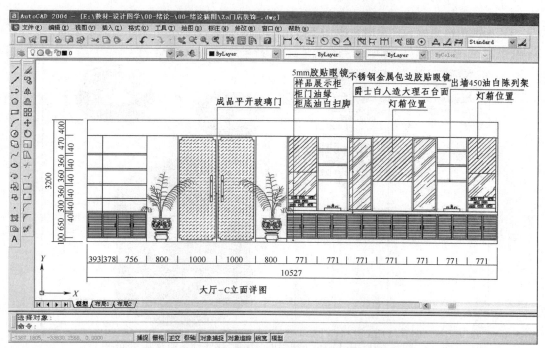

图 0-28　用 AutoCAD 绘制的某门店大厅立面装修施工图及软件界面

（2）利用计算机及其软件建造三维模型（示例：Autodesk Inventor）。

Inventor 是美国 Autodesk 公司推出的三维参数化实体造型软件，其特点是界面友好、操作便捷以及与 AutoCAD 软件具有良好的兼容性等。它具有零件建模、部件装配、部件分解、工程图生成等功能模块。

图 0-29 所示是用 Inventor 建模的"茶罐体"包装容器及其软件界面。

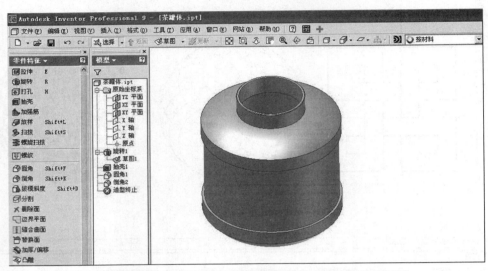

图 0-29　用 Inventor 建模的"茶罐体"包装容器及其软件界面

图 0-30 所示是用 Inventor 建模的"茶罐"部件分解图（或称爆炸图）及其界面。由图 0-30 可知，该"茶罐"容器由茶罐体、密封塞、茶罐盖三部分组成。

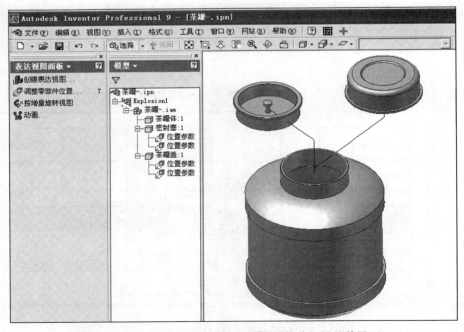

图 0-30　用 Inventor 建模的"茶罐"部件分解图及其界面

图0-31所示是用Inventor建模的"茶罐"装配体界面。

图0-31 用Inventor建模的"茶罐"装配体界面

图0-32所示是用Inventor建模后生成的"茶罐"工程图(装配图局部)界面。

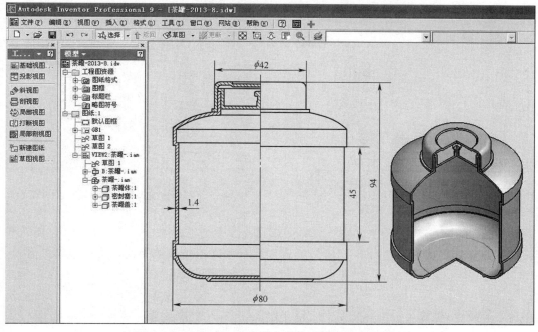

图0-32 用Inventor建模生成的"茶罐"工程图界面

0.5 本课程的学习方法

本课程是一门实践性很强的技术基础课,学习本课程必须坚持理论联系实际,既注重学好基本理论知识,又要注意练好基本功,为此,应通过大量的习题、绘图作业、计算机上机、机器部件测绘、课程设计等实践环节,加深对所学知识的理解、巩固与掌握,从而达到灵活应用的目的。为此,需要注意如下几点:

(1) 扎实掌握基本概念、理论、方法,特别是投影法(平行投影法与中心投影法)的基本理论,以便更好地掌握三维形体到二维图形的转换。

(2) 认真听课,勤于思考。多看多画、多想多练,以达到从量到质的飞跃。在学习中培养与他人沟通研讨的学习方法,注重学习方法与效果。

(3) 要重视仪器绘图,独立完成各类习题与绘图大作业。同时,要加强手工草图和计算机制图能力的培养,熟悉二维绘图计算机软件,对三维造型有初步的了解。

(4) 学会学习,科学利用相关学习辅助材料和网络"精品课程"。树立制图过程中的"国家标准"意识、规范意识、审美意识与创新意识。

(5) 通过课程学习,逐步培养自己耐心细致、严肃认真、一丝不苟的素质与态度。

第 1 章 投 影 基 础

太阳或灯光照射物体时,在墙壁或地面上就出现了物体的影子,这是一种自然的投影现象。根据这种现象,人类经过科学总结影子与物体的几何关系,创造了把空间物体在平面上表示的方法——投影法。本章主要研究立体及构成立体最基本的几何元素(点、线、面)在平面上的表达理论与方法。

1.1　投影法概述

1. 投影法基本概念

在投影法中,得到投影的平面(P)称为投影面,发自投射中心且通过物体上各点的直线称为投射线,投影面上的"影子"称为投影,如图 1-1 所示。

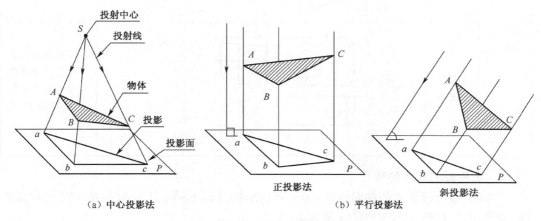

(a)中心投影法　　　　(b)平行投影法　　　　斜投影法

图 1-1　投影法及分类

2. 投影法分类

由于投射线的不同,投影法一般可分为中心投影法和平行投影法两大类。

1) 中心投影法

投射线相交于一点的投影法称为中心投影法,如图 1-1(a)所示。

2) 平行投影法

投射线相互平行的投影法(投射中心位于无限远处)称为平行投影法,如图 1-1(b)所示。在平行投影法中,根据投射线是否垂直于投影面,又分为如下两种。

(1) 正投影法:投射线垂直于投影面的平行投影法,根据正投影法所得到的图形称为正投影图,简称正投影。

(2) 斜投影法:投射线与投影面相倾斜的平行投影法,根据斜投影法所得到的图形称为斜投影图,简称斜投影。

3. 投影法应用

工程上常用的投影方法是平行投影法。特别在一定条件下,正投影图的度量性好,作图简便,应用尤其广泛。本书主要研究正投影法。为了叙述简便起见,本书中如未加说明,所述投影均指正投影。投影法应用与图例见表1-1。

表1-1 投影法应用与图例

投影法	投影图名	图例	投影面数	特点与应用
中心投影法	透视图		单个	近大远小特征,直观逼真,但作图复杂,度量性差。多应用于建筑等效果图
平行投影法	轴测图		单个	直观性强但没有透视图逼真,度量性差。多应用于工程辅助图样
平行投影法	多面正投影图		多个	度量性好且作图容易,但直观性较差。主要应用于工程图样的绘制

4. 正投影的基本特性

空间元素与投影面的相对位置不同,其投影特性也不同。正投影的基本特性有真实性、积聚性、类似性。图例与特征见表1-2。

表1-2 正投影的基本特性

投影性质	真实性	积聚性	类似性
图例			
说明	直线、平面平行于投影面时,投影反映实形	直线、平面垂直于投影面时,投影积聚成点和直线	平面倾斜于投影面时,投影形状与原形状类似

1.2 三面投影

1. 三视图的形成

1) 单面投影

如图1-2(a)所示,点的投影仍为点。设投射方向为S,空间点A在投影面H上有唯一的投影a。反之,若已知点A在H面的投影a,却不能唯一确定点A的空间位置(如A_1、A_2),由此可见,点的一个投影不能确定点的空间位置。

同样,仅有物体的单面投影也无法确定空间物体的真实形状,如图1-2(b)所示。形态不同的A、B物体在W面却得到了相同的投影。这样,空间形体与投影之间没有一一对应关系。为此,必须增加投影面的数量。

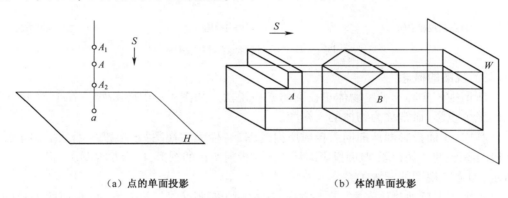

(a) 点的单面投影　　　　　　(b) 体的单面投影

图1-2　单面投影

2) 三面投影

三个相互垂直的投影面V、H和W构成三面投影体系,如图1-3所示。

- 正立放置的V面称正立投影面,简称正立面。
- 水平放置的H面称水平投影面,简称水平面。
- 侧立放置的W面称侧立投影面,简称侧立面。

投影面的交线即OX、OY、OZ称投影轴,三投影轴的交点O称为投影轴原点。

三面投影体系将空间分为八个区域,称为分角。国家标准图样画法规定,技术图样优先采用第一分角画法,本书主要讨论在第一分角的情况。

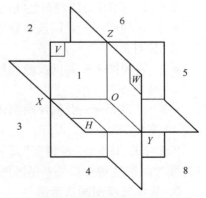

图1-3　三面投影体系

如图1-4(a)所示,将物体置于第一分角后,分别在三个方向得到投影。为了把物体的三面投影画在同一平面内,国家标准规定V面保持不动,H面绕OX轴向下旋转90°与V面重合,W面绕OZ轴向右旋转90°与V面重合。这样,V-H-W展开后就得到了物体的三面投影,如图1-4(b)所示,其中OY轴随H面旋转时以OY_H表示,随W面旋转时以OY_W表示。

投影图大小与物体相对于投影面的距离无关,即改变物体与投影面的相对距离,并不会引起图形的变化。所以,在画实体投影图时一般不画出投影面的边界以及投影轴,如图1-4(c)所示。

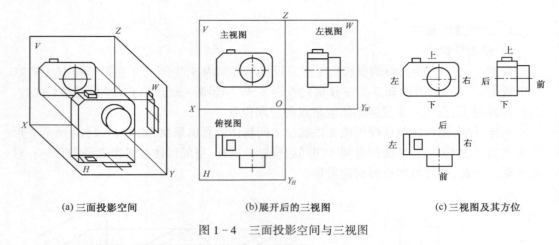

(a) 三面投影空间　　(b) 展开后的三视图　　(c) 三视图及其方位

图1-4　三面投影空间与三视图

3) 视图的概念

所谓视图实际上就是物体正投影的通俗说法。如图1-4所示,物体在V、H和W面上的三个投影,通常称为物体的三视图。

其中,正面投影即从前向后投射所得的图形,称为主视图;水平投影即从上向下投射所得的图形,称为俯视图;侧面投影即从左向右投射所得的图形,称为左视图。如图1-4(b)所示,即为三视图的配置关系。

主视图上反映物体左右、上下方向;俯视图上反映左右、前后方向;左视图上反映上下、前后方向,如图1-4(c)所示。

2. 三视图之间的投影规律

如图1-5所示,三视图之间的投影关系如下:

- 主、俯视图——共同反映物体的长度方向的尺寸,简称"长对正"。
- 主、左视图——共同反映物体的高度方向的尺寸,简称"高平齐"。
- 俯、左视图——共同反映物体的宽度方向的尺寸,简称"宽相等"。

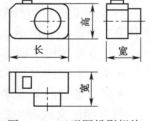

图1-5　三视图投影规律

"长对正、高平齐、宽相等"反映了物体上所有几何元素三个投影之间的对应关系。三视图之间的这种投影关系是画图时必须遵循的投影规律和读图时必须掌握的要领。

3. 物体三视图画法示例

如图1-6所示为立体的三视图画法示例。根据技术制图国家标准,对图线的规范要求是:

中心与对称轴线必须画成细点画线。可见轮廓画成粗实线。不可见轮廓画成细虚线。作图中的辅助线与投影连线通

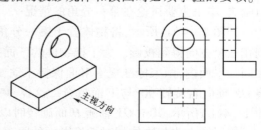

图1-6　物体三视图画法示例

常画成细实线。

图线粗细的规范是:粗线的线宽是细线线宽的2倍。

1.3 点、直线、平面的投影

前面已经初步研究了物体与视图之间的对应关系,但为了迅速而准确地表达更为复杂的空间形体,就必须进一步研究构成形体的最基本的几何元素(点、线、面)的投影规律。

1. 点的投影

1) 点的三面投影

如图1-7所示,由空间点A分别作垂直于V、H和W的投射线,其垂足a'、a、a''即为点A在V面、H面和W面上的投影。通常规定,空间点用大写字母(如A、B)表示,正面投影用相应小写字母加一撇表示,水平投影用相应的小写字母表示,侧面投影用相应小写字母加两撇表示。a'称为点A的正面投影;a称为点A的水平投影;a''称为点A的侧面投影。

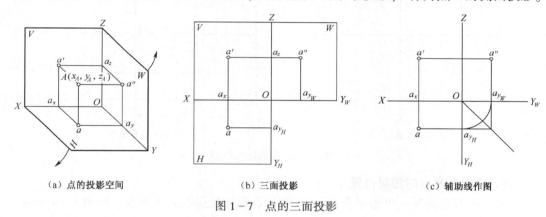

(a) 点的投影空间　　　　(b) 三面投影　　　　(c) 辅助线作图

图1-7 点的三面投影

2) 点的投影规律

从图1-7中可以看出,空间一点$A(x_A, y_A, z_A)$在三面投影体系中有唯一确定的一组投影$(a'、a、a'')$;反之,如已知点A的三面投影即可确定点A的坐标值,也就确定了其空间位置。因此可以得出点的投影规律如下。

(1) 点的V面与H面的投影连线垂直于OX轴,即$a'a \perp OX$。这两个投影都反映空间点到W面的距离即X坐标:$a'a_z = aa_{y_H} = X_A$。

(2) 点的V面与W面投影连线垂直于OZ轴,即$a'a'' \perp OZ$。这两个投影都反映空间点到H面的距离即Z坐标:$a'a_x = a''a_{y_W} = Z_A$。

(3) 点的H面投影到OX轴的距离等于点的W面投影到OZ轴的距离。这两个投影都反映空间点到V面的距离即Y坐标:$aa_x = a''a_z = Y_A$。

实际上,上述点的投影规律也体现了三视图的"长对正、高平齐、宽相等"。

作图时,为了表示$aa_x = a''a_z$的关系,通常用过原点O的45°辅助线把点的H面与W面投影关系联系起来,如图1-7(c)所示。

点的三个坐标值(x, y, z)分别反映了点到W、V、H面之间的距离。根据点的投影规律,可由点的坐标画出三面投影,也可根据点的两个投影作出第三投影。

【例 1-1】 已知点 A 的两面投影和点 B 的坐标为 $(25,20,30)$，求点 A 的第三面投影及点 B 的三面投影（见图 1-8(a)）。

解：(1) 求 A 点的侧面投影。先过原点 O 作 45°辅助线。过 a 作平行于 OX 轴的直线，与 45°辅助线相交一点，过交点作垂直于 OY_W 的直线，该直线与过 a' 平行于 OX 轴的直线相交于一点，即为所求侧面投影 a''。

(2) 求 B 点的三面投影。在 OX 轴取 $Ob_x = 25$mm，得点 b_x，过 b_x 作 OX 轴的垂线，取 $b'b_x = 30$mm，得点 b'，取点 $b_x = 20$mm，得点 b；与求 A 点的侧面投影一样，可求得点 B 的侧面投影 b''。答案如图 1-8(b) 所示。

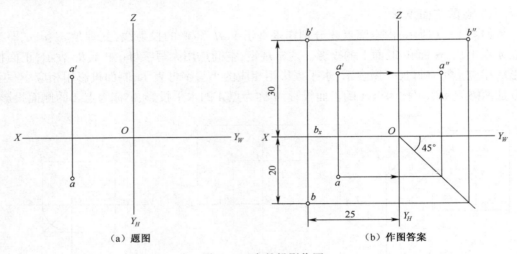

(a) 题图　　　　　　　　　　　　　(b) 作图答案

图 1-8　点的投影作图

3) 重影点及点的相对位置

若空间两点的某一投影重合在一起，则该点称为投影面的重影点。如图 1-9 所示，

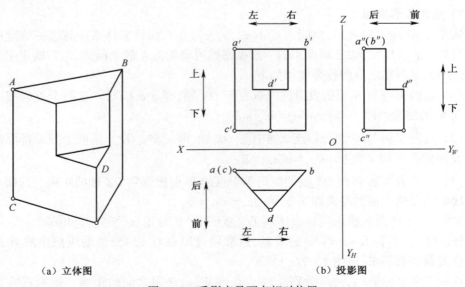

(a) 立体图　　　　　　　　　　　　(b) 投影图

图 1-9　重影点及两点相对位置

在切角三棱柱上两点 A、C 为 H 面的重影点,A、B 为 W 面上的重影点。重影点的可见性由两点的相对位置判别,不可见点的投影字母以加括号"( )"表示。

空间点的相对位置,可以在三面投影中直接反映出来,如图 1-9(b)所示,切角三棱柱的两点 A、D,在 V 面上反映两点上下、左右关系,在 H 面上反映两点左右、前后关系,在 W 面上反映两点上下、前后关系。

2. 直线的投影

1) 一般直线及直线上点的投影

直线的投影一般仍为直线。由几何学知道,空间两点决定一直线,因此要作直线的投影,只需作出直线段上两点的投影(两点在同一投影面上的投影称为同面投影),如图 1-10 所示。

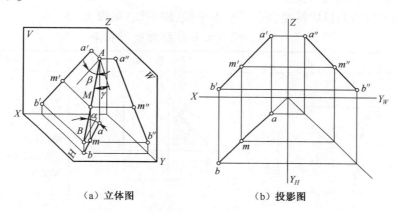

(a) 立体图　　　　　(b) 投影图

图 1-10　直线及直线上点的投影

一般位置直线对三个投影面都倾斜,其三面投影仍为直线。直线对 H、V、W 面的倾角用 α、β、γ 来表示,则 $ab=AB\cos\alpha<AB$,$a'b'=AB\cos\beta<AB$,$a''b''=AB\cos\gamma<AB$。

直线上的点,具有下列投影特性。

(1) 从属性:点在直线上,点的投影必在直线的同面投影上。如图 1-10 所示,在直线 AB 上有一点 M,点 M 的三面投影 m、m'、m'' 分别在直线 AB 的同面投影 ab、$a'b'$、$a''b''$ 上。

(2) 定比性:点在直线上,点分线段之比等于其投影之比。如图 1-10 所示,点 M 分 AB 成 AM 和 BM,则 $AM:BM=am:bm=a'm':b'm'=a''m'':b''m''$。

【例 1-2】　如图 1-11(a)所示,已知点 C 分 AB 为 $AC:BC=3:2$,求点 C 的投影。

解:根据直线上点的定比性,可将 AB 的任一投影分成 3:2,求得点 C 的一个投影,利用从属性,可求出点 C 的另一投影。如图 1-11(b)所示,作图步骤如下。

(1) 过 a 作任意直线,截取 5 个单位长度,并连接线 $5b$。

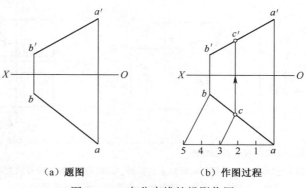

(a) 题图　　　　　(b) 作图过程

图 1-11　点分直线的投影作图

(2) 过 3 作 5b 的平行线,交 ab 于 c。
(3) 由 c 作投影连线,交 a'b' 于点 c'。

2) 特殊位置直线的投影特性

特殊位置直线 $\begin{cases} \text{投影面平行线} \\ \text{(仅平行于某个投影面)} \\ \text{投影面垂直线} \\ \text{(垂直于某个投影面)} \end{cases}$ $\begin{cases} \text{正平行:平行于 } V, \text{倾斜于 } H、W \\ \text{水平线:平行于 } H, \text{倾斜于 } V、W \\ \text{侧平线:平行于 } W, \text{倾斜于 } V、H \\ \text{正垂线:垂直于 } V, \text{平行于 } H、W \\ \text{铅垂线:垂直于 } H, \text{平行于 } V、W \\ \text{侧垂线:垂直于 } W, \text{平行于 } V、H \end{cases}$

(1) 投影面平行线的投影。

投影面平行线的投影特性(正平线、水平线、侧平线)见表 1-3。

表 1-3 投影面平行线的投影规律

名 称	立 体 图	投 影 图	投 影 特 性
正平线 AB // V			1. $a'b'$ 反映实长和真实倾角 $\alpha、\gamma; \beta = 0$ 2. $ab // OX$, $a''b'' // OZ$,长度缩短
水平线 AC // H			1. ac 反映实长和真实倾角 $\beta、\gamma; \alpha = 0$ 2. $a'c' // OX$, $a''c'' // OY_W$,长度缩短
侧平线 BC // W			1. $b''c''$ 反映实长和真实倾角 $\alpha、\beta; \gamma = 0$ 2. $b'c' // OZ$, $bc // OY_H$,长度缩短

投影面平行线的投影特性:
(1) 直线在与其平行的投影面上的投影,反映该线段的实长及该直线与其他两个投影面的倾角。
(2) 直线在其他两个投影面上的投影分别平行于相应的投影轴。

（2）投影面垂直线的投影。

投影面垂直线的投影特性(正垂线、铅垂线、侧垂线)见表1-4。

表1-4 投影面垂直线的投影

名 称	立 体 图	投 影 图	投 影 特 性
正垂线 $CF \perp V$	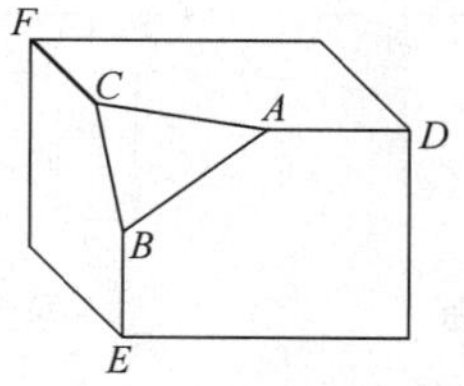	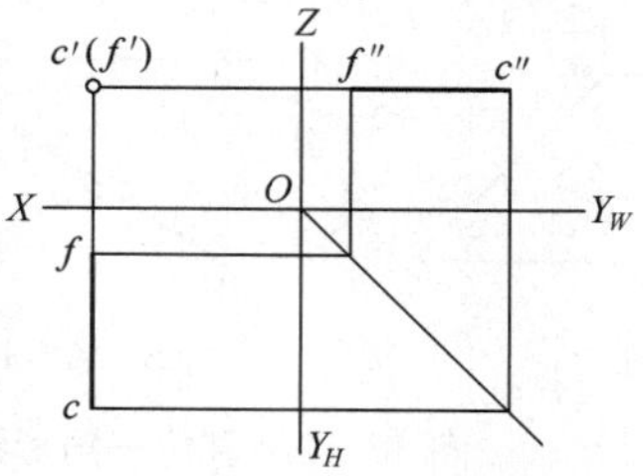	1. c'、f'积聚成一点 2. $cf \perp OX$, $c''f'' \perp OZ$, 且反映实长, 即 $cf = c''f'' = CF$
铅垂线 $BE \perp H$	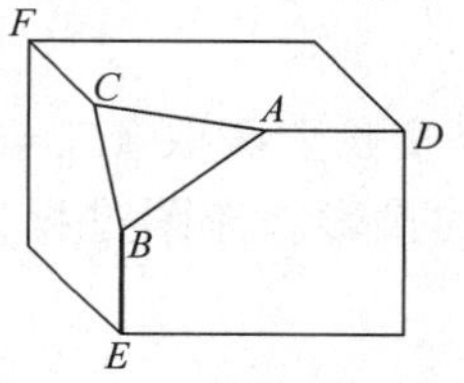	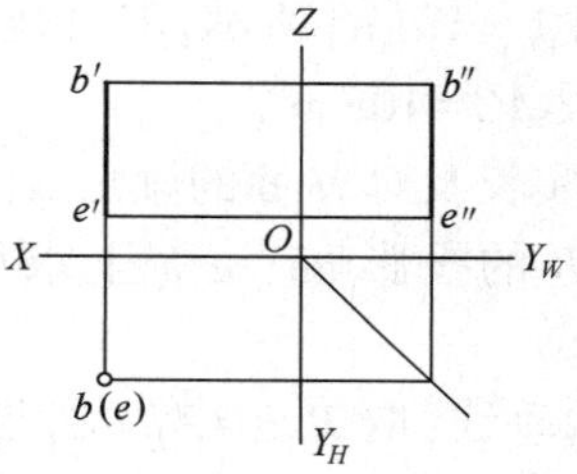	1. b、e积聚成一点 2. $b'e' \perp OX$, $b''e'' \perp OY_W$, 且反映实长, 即 $b'e' = b''e'' = BE$
侧垂线 $AD \perp W$	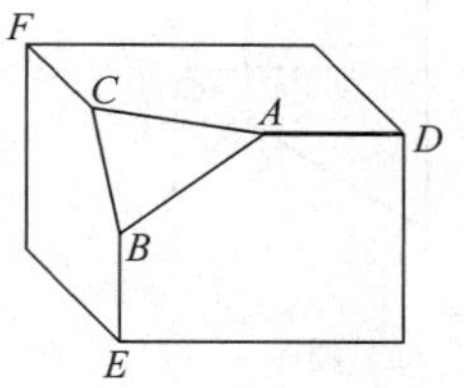	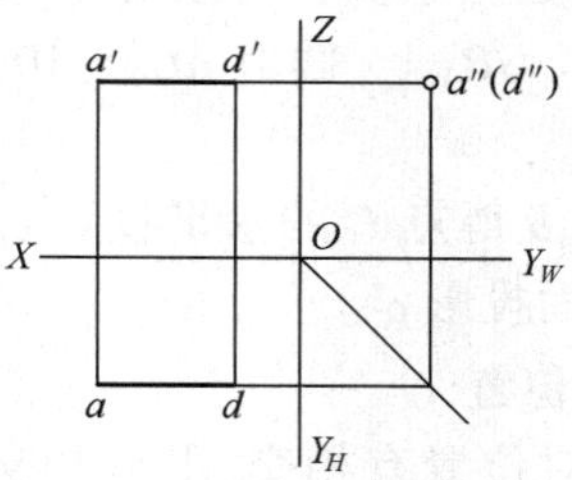	1. a''、d''积聚成一点 2. $a'd' \perp OZ$, $ad \perp OY_H$, 且反映实长, 即 $ad = a'd' = AD$

投影面垂直线的投影特性:
(1) 直线在与其垂直的投影面上的投影积聚成一点。
(2) 直线在其他两个投影面的投影分别垂直于相应的投影轴,且反映该线段的实长

3) 一般直线的实长及倾角

特殊位置的直线至少有一个投影反映实长并反映直线对投影面的倾角。一般位置直线的三面投影均不反映实长及倾角的真实大小,能否根据直线的已知投影求其实长及倾角的真实大小呢? 实际应用中,可用直角三角形法求得。

如图1-12(a)所示,AB 为一般位置的直线,过 A 作 $AB_0 // ab$, 则得一直角三角形 $\triangle ABB_0$, 在直角三角形 $\triangle ABB_0$ 中, 两直角边的长度为 $BB_0 = Bb - Aa = Z_B - Z_A = \Delta Z$, $AB_0 = ab$, $\angle BAB_0 = \alpha$。

可见只要知道直线的投影长度 ab 和对该投影面的坐标差 ΔZ, 就可求出 AB 的实长及倾角 α, 作图过程如图1-12(b)所示。

同理,利用直线的 V 面投影和对该投影面的坐标差 ΔY, 可求得直线对 V 面的倾角 β 和实长, 如图1-12(c)所示。同样方法可以求出直线对 W 面的倾角 γ, 请读者自己分析。

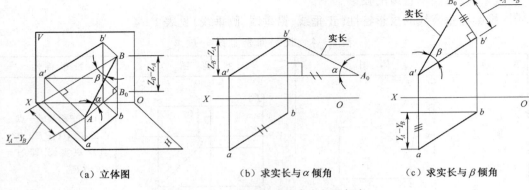

(a) 立体图　　(b) 求实长与 α 倾角　　(c) 求实长与 β 倾角

图 1-12　直角三角形法求实长及倾角

【例 1-3】　如图 1-13(a)所示,求直线 AB 的实长及对 H 面的倾角 α。并在直线 AB 上取一点 C,使线段 $AC=10\text{mm}$。

解：先求出 AB 的实长及对 H 面的倾角 α,再在 AB 实长上截取 $AC_0=10\text{mm}$ 得 C_0 点,然后将 C_0 点返回到 AB 的投影 ab、$a'b'$ 上求得 C 点的投影。作图过程如图 1-13(b)所示。

(1) 过 b 作 ab 的垂线,取 $B_0b=Z_B-Z_A$ 得直角三角形,则 aB_0、α 即为所求实长与倾角。

(2) 在 AB 的实长 aB_0 上,截取 $aC_0=10$,得点 C_0。

(3) 再作 $C_0c/\!/B_0b$ 得点 C 的水平投影 c,作投影连线得点 C 的正面投影 c'。

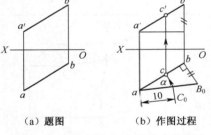

(a) 题图　　(b) 作图过程

图 1-13　求实长、倾角及分点作图

4) 两直线的相对位置

空间两直线的相对位置有相交、平行和交叉三种情况。交叉两直线不在同一平面上,所以称为异面直线。相交两直线和平行两直线在同一平面上,所以又称它们为共面直线。

两直线的相对位置投影特性见表 1-5。根据投影图可判断两直线的相对位置。若两直线处于一般位置,一般由两面投影即可判断;若直线处于特殊位置,则需要利用三面投影或定比性等方法判断。

表 1-5　两直线的相对位置投影特性

名称	立体图	投影图	投影特性
平行两直线	![]	![]	平行两直线的同面投影分别相互平行,且具有定比性

名 称	立 体 图	投 影 图	投影特性
相交两直线			相交两直线的同面投影分别相交，且交点符合点的投影规律
交叉两直线			既不符合平行两直线的投影特性，又不符合相交两直线的投影特性

5）直角投影定理

定理：相互垂直的两直线，若其中一直线为投影面的平行线，则两直线在该投影面上的投影反映直角。

已知：$AB \perp BC$、$BC \parallel H$ 面，如图 1-14(a) 所示。

证明：因 $BC \parallel H$ 面，而 $Bb \perp H$ 面，故 $BC \perp Bb$，所以 $BC \perp$ 平面 $BbaA$，又因 $bc \parallel BC$，故 $bc \perp$ 平面 $BbaA$。所以 $bc \perp ab$，即 $\angle abc = 90°$，如投影图 1-14(b) 所示。

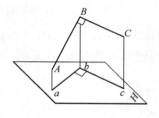
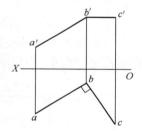

(a) 立体图　　　　　　(b) 投影图

图 1-14　一边平行于投影面的直角投影

该定理的逆定理同样成立。直角投影定理常被用来求解有关距离问题。

【**例 1-4**】　如图 1-15(a) 所示，求点 C 到直线 AB 距离 CD 的实长。

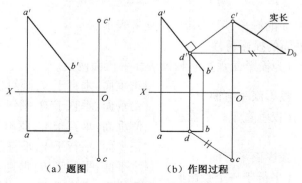

(a) 题图　　　　　　(b) 作图过程

图 1-15　求点到直线的距离

解:求点到直线的距离,即从点向直线作垂线,求垂足。因 AB 是正平线,根据直角投影定理,从点 C 向 AB 作垂线,其正面投影必相互垂直。如图 1-15(b)所示,步骤如下:

(1) 过 C' 作 $a'b'$ 的垂线得垂足投影 d'。

(2) 根据点 D 在直线上,求出 d。

(3) 连 cd、$c'd'$ 即为距离的两面投影,利用直角三角法求出 CD 实长。

3. 平面的投影

1) 平面的表示法与一般平面

空间平面可用下列任意一组几何元素来表示,如图 1-16 所示。实际中这些表示方法之间是可以相互转换的。

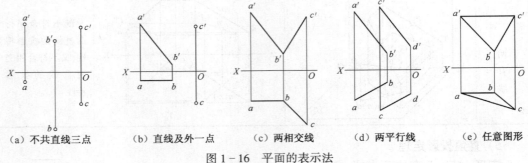

(a) 不共直线三点　　(b) 直线及外一点　　(c) 两相交线　　(d) 两平行线　　(e) 任意图形

图 1-16　平面的表示法

一般位置平面的投影如图 1-17 所示,由于 △ABC 对 V、H、W 面都倾斜,因此其三面投影都是三角形,为原平面图形的类似形,且面积比原图形小。

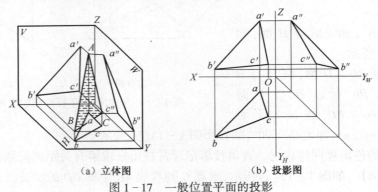

(a) 立体图　　(b) 投影图

图 1-17　一般位置平面的投影

平面对 H、V、W 面的倾角,习惯用 α、β、γ 来表示。

2) 特殊位置平面的投影特性

特殊位置平面分为投影面垂直面和投影面平行面两类。

特殊位置平面 $\begin{cases} \text{投影面垂直面} \\ (\text{仅垂直于一个投影面}) \begin{cases} \text{正垂面:垂直于 } V,\text{倾斜于 } H、W \\ \text{铅垂面:垂直于 } H,\text{倾斜于 } V、W \\ \text{侧垂面:垂直于 } W,\text{倾斜于 } V、H \end{cases} \\ \text{投影面平行面} \\ (\text{平行于一个投影面}) \begin{cases} \text{正平面:平行于 } V,\text{垂直于 } H、W \\ \text{水平面:平行于 } H,\text{垂直于 } V、W \\ \text{侧平面:平行于 } W,\text{垂直于 } V、H \end{cases} \end{cases}$

(1) 投影面垂直面的投影。

投影面垂直面(铅垂面、正垂面、侧垂面)的投影特性见表1-6。

表1-6 投影面垂直面的投影

名称	立体图	投影图	投影特性
铅垂面 $P \perp H$			1. 水平投影积聚成一直线,并反映真实倾角 β、γ。 2. 正面投影和侧面投影为类似形,但面积缩小
正垂面 $Q \perp V$			1. 正面投影积聚成一直线,并反映真实倾角 α、γ。 2. 水平投影和侧面投影为类似形,但面积缩小
侧垂面 $R \perp W$			1. 侧面投影积聚成一直线,并反映真实倾角 α、β。 2. 正面投影和水平投影为类似形,但面积缩小

投影面垂直面的投影特性:
(1) 平面在与其垂直的投影面上的投影积聚成一直线,并反映该平面对其他两个投影面的倾角。
(2) 平面在其他两个投影面的投影都是面积小于原平面图形的类似形

(2) 投影面平行面的投影。

投影面平行面(正平面、水平面、侧平面)的投影特性见表1-7。

表1-7 投影面平行面的投影

名称	立体图	投影图	投影特性
正平面 $M /\!/ V$			1. 正面投影 m' 反映实形 2. 水平投影 $/\!/ OX$、侧面投影 $/\!/ OZ$,并分别积聚成一直线

(续)

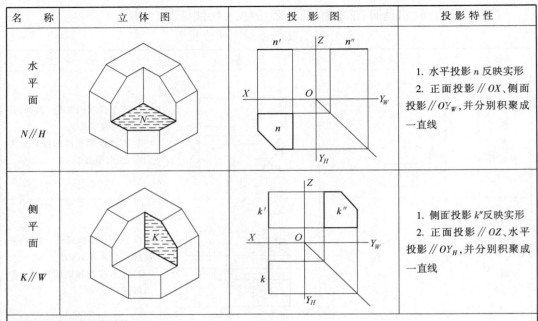

名 称	立 体 图	投 影 图	投 影 特 性
水平面 $N/\!/H$			1. 水平投影 n 反映实形 2. 正面投影 $/\!/OX$、侧面投影 $/\!/OY_W$，并分别积聚成一直线
侧平面 $K/\!/W$			1. 侧面投影 k'' 反映实形 2. 正面投影 $/\!/OZ$、水平投影 $/\!/OY_H$，并分别积聚成一直线

投影面平行面的投影特性：
(1) 平面在与其平行的投影面上的投影反映平面实形。
(2) 平面在其他两个投影面的投影都积聚成平行于相应投影轴的直线

3) 平面内的点和直线

(1) 平面内取点和取直线。

① 点属于平面的几何条件是：点必须在平面内的一条直线上。因此要在平面内取点，必须过点在平面内取一条已知直线。如图 1-18 所示，在 △ABC 所确定的平面内取一点 N，点 N 取在已知直线 AD 上，即在 $a'd'$ 上取 n'，在 ad 上取 n，因此点 N 必在该平面内。

② 直线属于平面的几何条件是：该直线必通过此平面内的两个点或通过该平面内一点且平行于该平面内的另一已知直线。

依此条件，可在平面内取直线，如图 1-19(a) 所示，在 DE 和 EF 相交直线所确定的平面内取两点 M 和 N，直线 MN 必在该平面内。图 1-19(b) 为过 M 作直线 $MN/\!/EF$，则直线 MN 必在该平面内。

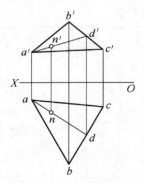 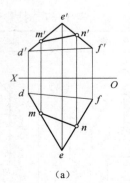 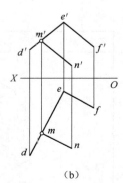

　　　　　　　　　　　　　　　　　　(a)　　　　　　　(b)

图 1-18　平面上取点　　　　　图 1-19　平面内取直线

在平面内取点和取直线是密切相关的,取点要先取直线,而取直线又离不开取点。

【例 1-5】 如图 1-20(a)所示,点 K 属于 △ABC 所确定的平面,求作点 K 的水平投影。

解:根据点在平面内的条件,点必在平面内的一条直线上,则过点 K 的一个投影在 △ABC 作一直线 AK 交 BC 于 D,点 K 必在直线 AD 上。

作图过程如下(见图 1-20(b)):连 $a'k'$ 交 $b'c'$ 于 d',过 d' 作投影连线得 d,即求得 AD 的水平投影 ad。而点 K 的水平投影 k 必在 ad 上,过 k' 作投影连线与 ad 交得水平投影 k。

(2) 平面内的投影面平行线。

既在给定平面内,又平行于投影面的直线,称为该平面内的投影面平行线。它们既具有投影面平行线的投影特性,又符合直线在平面内的条件。在图 1-21 中,AD 在 △ABC 内,ad // OX 轴即 AD // V 面,故 AD 为 △ABC 平面内的正平线。同理,AB 为该平面内的水平线。

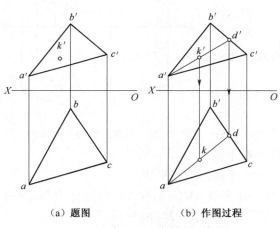

(a) 题图　　(b) 作图过程

图 1-20　求平面上点的另一投影

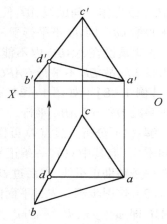

图 1-21　平面内的投影面平行线

【例 1-6】 如图 1-22 所示,在平面 ABCD 内求点 K,使其距 V 面为 15mm、距 H 面为 12mm。

解:(1) 分析。在平面 ABCD 内求点 K 距 V 面 15mm,则点一定在距 V 面 15mm 的正平线上。同理,又因点距 H 面为 12mm,则点一定在距 H 面为 12mm 的水平线上。平面上的正平线与水平线的交点即为所求点 K。

(2) 作图步骤(见图 1-22)。先作正平线 MN 的水平投影 mn // OX,且距 OX 轴为 15mm,并作出 MN 的正面投影 $m'n'$。

同理,作水平线 PQ 的正面投影 $p'q'$ // OX,且距 OX 轴为 12mm。$m'n'$ 与 $p'q'$ 的交点即为 K 点的正面投影 k',作投影连线交 mn 于 k,点 K 即为所求。

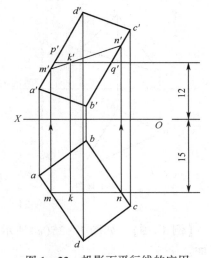

图 1-22　投影面平行线的应用

1.4 直线与平面、两平面的相对位置

直线与平面、两平面的相对位置可分为平行和相交两类。

1. 直线与平面、平面与平面平行

(1) 直线与平面平行的几何条件是：直线平行于平面内任一直线。

(2) 平面与平面平行的几何条件是：一平面内相交两直线对应平行于另一平面内的两相交直线。

利用上述几何条件可在投影图上求解有关平行问题。

【例 1-7】 如图 1-23 所示，判别直线 EF 是否平行于 $\triangle ABC$。

解：若 $EF \parallel \triangle ABC$，则 $\triangle ABC$ 上可作出一直线 $\parallel EF$。故先作一辅助线 AD，使 $a'd' \parallel e'f'$，再求出水平投影 ad。因 ad 不平行于 ef，所以 EF 不平行于 AD，也就是说在 $\triangle ABC$ 内不能作出一条直线平行于直线 EF，故 EF 不平行 $\triangle ABC$。

【例 1-8】 如图 1-24(a) 所示，过已知点 D 作正平线 DE 与 $\triangle ABC$ 平行。

解：(1) 分析。过点 D 可作无数条直线平行于已知平面，但其中只有一条正平线，故可先在平面内取一条辅助正平线，然后过 D 作直线平行于平面内的正平线。

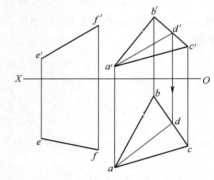

图 1-23 判别直线与平面是否平行

(2) 作图步骤。先过平面内的点 A 作一正平线 $AM(am \parallel OX)$；再过点 D 作 DE 平行于 AM，即 $de \parallel am, d'e' \parallel a'm'$，则 DE 即为所求，如图 1-24(b) 所示。

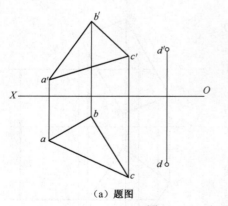
(a) 题图

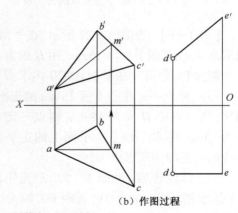
(b) 作图过程

图 1-24 过已知点作正平线与平面平行

【例 1-9】 如图 1-25(a) 所示，过点 E 作平面平行于两平行线 AB 与 CD 所确定的平面。

解：(1) 分析。只要过点 E 作相交两直线分别平行于 AB 与 CD 所确定的平面内任意两相交直线即可满足题目要求。

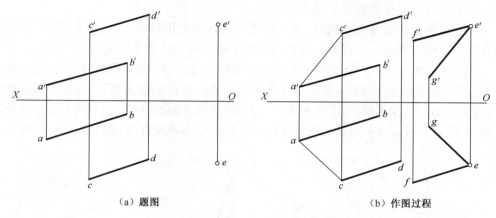

(a) 题图　　　　　　　　　　　(b) 作图过程

图 1-25　过点作平面平行于已知平面

(2) 作图步骤。先连 AC 线,再过点 E 作 EF∥AB,即作 ef∥ab,e′f′∥a′b′,再过点 E 作 EG∥AC,即作 eg∥ac,e′g′∥a′c′,则平面 FEG 即为所求,如图 1-25(b)所示。

2. 直线与平面、平面与平面相交

直线与平面相交、平面与平面相交的关键是求交点和交线,并判别可见性。其实质是求直线与平面的共有点、两平面的共有线。同时,它们也是可见与不可见的分界点、分界线。本节只对直线或者平面处于特殊位置时进行讨论。

1) 直线与平面相交

(1) 当平面对投影面处于垂直位置时。

当平面为投影面的垂直面时,由于它在该投影面上的投影具有积聚性,所以交点的一个投影可以直接确定,其他投影可以运用在直线上取点的方法确定。

如图 1-26(a)所示,直线与铅垂面△ABC 交于点 K。由于△ABC 的水平投影 abc 积聚成直线,故 MN 的水平投影 mn 与 abc 的交点 k 就是点 K 的水平投影,由 k 在 m′n′上作出 k′。

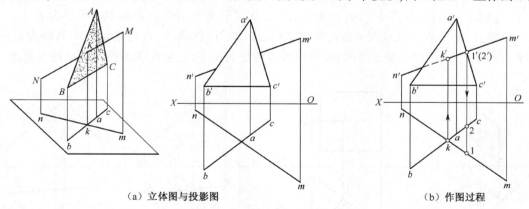

(a) 立体图与投影图　　　　　　　　(b) 作图过程

图 1-26　一般直线与铅垂面相交

MN 的可见性可利用重影点来判断。直线 MN 与 AC 在正立面投影有一重影点,即 m′n′与 a′c′的交点 1′、2′。分别在 mn 和 ac 上求出 1 和 2,由于点 1 在点 2 之前,故 1′可见,所以 m′k′为可见,画成粗实线。而交点为可见与不可见的分界点,故 n′k′与△a′b′c′重叠部分为不可见,画成细虚线,如图 1-26(b)所示。

(2) 当直线对投影面处于垂直位置时。

当直线为投影面的垂直线时,则该直线在投影面上积聚成一点,那么,这个积聚点就是直线与平面交点的一个投影。再利用平面上取点的方法求得交点的另一投影。

如图 1-27(a)所示,铅垂线 MN 与平面交于点 K。由于 MN 在水平面上积聚成一点 $m(n)$,所以交点的水平投影 k 就是这个积聚点。因 K 点在平面内,所以,过交点的水平投影 k 作平面内直线的水平投影 cd,再利用 $c'd'$ 求得交点的正面投影 k'。可见性问题可以用直观法判别,即 $m'k'$ 可见,$k'n'$ 与平面的重叠部分为不可见,画成细虚线,如图 1-27(b)所示。

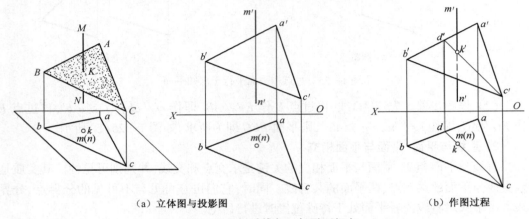

(a) 立体图与投影图　　　　　　　　　　(b) 作图过程

图 1-27　铅垂线与一般平面相交

直线与平面相交的特殊情况是垂直相交。

当平面为投影面垂直面时,如果直线和该面垂直,则直线必平行于该平面所垂直的投影面,并且直线在该投影面的投影,也必垂直于平面的投影。如图 1-28(a)所示,平面 CDEF 为铅垂面,直线 AB⊥CDEF 面,则 AB 肯定为水平线。即 $ab \perp c(d)(e)f$,$a'b' // OX$ 轴,如图 1-28(b)所示。

【例 1-10】　如图 1-29(a)所示,求点 D 到正垂面 ABC 的距离 DE,垂足为 E。

解:(1) 分析。求点到平面的距离,则从点向平面作垂线,点与垂足的距离即为点到平面的距离。因 ABC 是正垂面,故所作垂线肯定为正平线,且在正面投影上反映为直角。

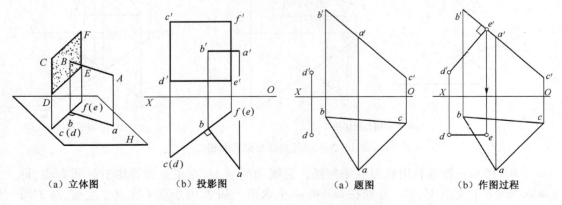

(a) 立体图　　(b) 投影图　　　　(a) 题图　　(b) 作图过程

图 1-28　直线与铅垂面垂直　　　　图 1-29　求点到平面的距离

(2) 作图。由 d' 作线 $d'e' \perp a'b'c'$，e' 为垂足的正面投影。由 d 作直线 $/\!/ OX$ 轴，求出 e，故 $d'e'$ 即为点 D 到正垂面 $\triangle ABC$ 的距离实长，如图 1-29(b) 所示。

2) 平面与平面相交

平面与平面相交的关键是求交线并判别可见性。它可以转化为一个平面里的两直线与另一个平面的交点问题来求解。

如图 1-30(a) 所示，平面 $\triangle ABC$ 和铅垂面 $DEFG$ 相交线为 MN。显然 M、N 分别是 $\triangle ABC$ 的两边 AB、AC 与铅垂面 $DEFG$ 的交点。如图 1-30(b) 所示，利用求直线与投影面垂直面交点的作图方法，求出交点 m、n，对应得 m'、n'，连接 $m'n'$、mn，即为交线的两面投影。

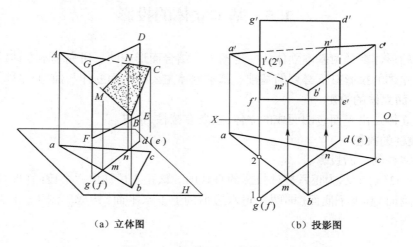

图 1-30 铅垂面与一般平面相交

两平面重叠部分的可见性，同样可用重影点 $1'$、$2'$ 来判别。由图 1-30(b) 可知，由于点 1 在点 2 之前，所以 $1'$ 可见，故 $g'1'$ 为可见，$m'2'$ 为不可见，根据平面与平面存在遮住与被遮住的关系，可判断其余各部分的可见性。

【例 1-11】 如图 1-31(a) 所示，求作两铅垂面 ABC 与 $EFGH$ 的交线，并表明可见性。

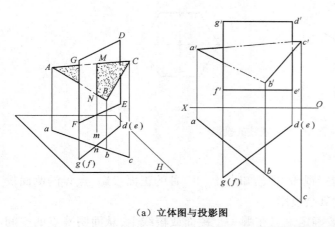

(a) 立体图与投影图

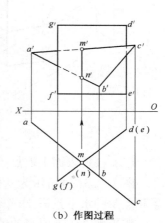

(b) 作图过程

图 1-31 两铅垂面相交

解：(1) 分析。两平面同时垂直于第三平面，那么，它们的交线一定垂直于该投影面并积聚成一点。因为平面 ABC 与 EFGH 在水平投影面上都有积聚性，所以，它们水平投影的交点就是交线的水平投影。该交线为铅垂线。

(2) 作图。经过分析可知，水平投影 abc 与 d(e)(f)g 的交点就是交线 MN 的水平投影，可以直接标出 m(n)。再根据点在直线上返还作出交线的正面投影 m'n'。

两平面重叠部分的可见性，可以通过水平投影，根据平面的遮挡关系，利用直观的方法进行判别，如图 1-31(b) 所示。

1.5 基本立体的投影

复杂的形体都是由基本立体按一定的方式结合而形成的。研究基本立体的投影将为研究复杂立体的投影打下必要的基础。基本立体主要有平面立体与曲面立体。

1. 平面立体的投影

平面立体是由平面包围而成的立体，主要有棱柱、棱锥。

1) 棱柱的投影

(1) 棱柱的三面投影。

图 1-32(a) 所示为正六棱柱投影的直观图。该正六棱柱由六个棱面(即两正平面以及四个铅垂面)和上下底面(即两个正六边形的上下水平面)构成。图 1-32(b) 为正六棱柱的三视图。

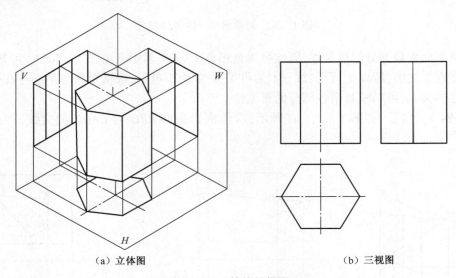

(a) 立体图　　　　　　　　　　　　(b) 三视图

图 1-32　棱柱的投影

(2) 棱柱表面上取点。

图 1-33(a) 所示为六棱柱的三视图，现已知点 Ⅰ、Ⅱ、Ⅲ 的正面投影，点 Ⅳ 的侧面投影和点 Ⅴ 的水平投影，求作各点的其余投影。

在平面立体上取点的关键是要确定该点在哪一个棱面或棱线上，从而明确点的空间位置与投影位置。由图 1-33(a) 的主视图可知：点 1' 可见，故 Ⅰ 点在最左的棱线上；由点

2′可知,点Ⅱ在前面正平棱面上;由不可见点3′可知,点Ⅲ在右后铅垂棱面上。

在左视图上,由可见点4″可知,点Ⅳ在左前铅垂棱面上。

在俯视图上,由可见点5可知,点Ⅴ在最上水平面上。

确定了点的位置后,利用平面的积聚性就可以分别求得点的其余两投影,如图1-33(b)所示。

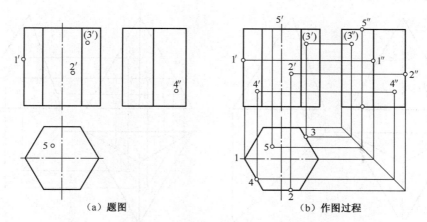

(a) 题图　　　　　　　　　　(b) 作图过程

图1-33　棱柱表面上取点

2) 棱锥的投影

(1) 棱锥的三面投影。

图1-34(a)为正三棱锥的投影直观图,锥顶为S点,底面ABC为等边三角形的水平面。棱面SAB、SBC为一般位置平面,棱面SAB为侧垂面。图1-34(b)所示为正三棱锥的三视图。

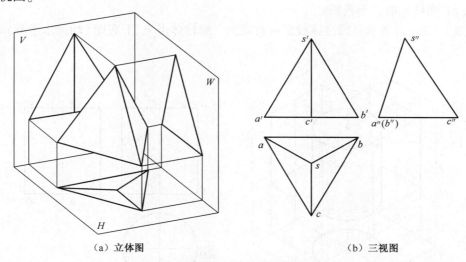

(a) 立体图　　　　　　　　　　(b) 三视图

图1-34　棱锥的投影

(2) 棱锥表面上取点。

图1-35(a)所示为三棱锥的三视图,已知表面上点Ⅰ和点Ⅱ的正面投影,点Ⅲ的侧面投影,求作各点的其余投影。

首先应分析各点所在棱面,从而确定其空间位置。在主视图上,由点 1′可知点Ⅰ在面 SBC 上;由不可见点 2′可知点Ⅱ在侧垂棱面 SAB 上。在左视图上,由可见点 3″可知点Ⅲ在棱面 SAC 面上。

求作棱面上的点,须找点在棱面上的辅助线。图 1-35(b)所示是通过在棱面上作底边的平行线来确定各点的其余投影的。

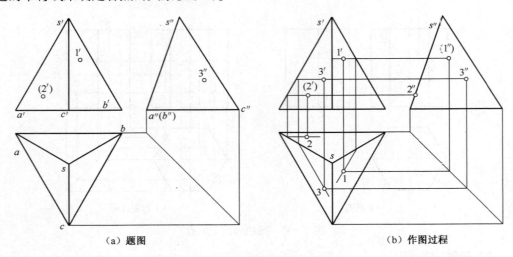

(a) 题图　　　　　　　　　　　　　(b) 作图过程

图 1-35　棱锥表面上取点

2. 曲面立体的投影

曲面立体是由曲面或曲面与平面包围而成的立体,主要有圆柱、圆锥、球体等回转体。

1) 圆柱体的投影

(1) 圆柱体的三面投影。

图 1-36(a)所示是圆柱体投影的直观图。圆柱体由上、下底面(均为水平面)和圆

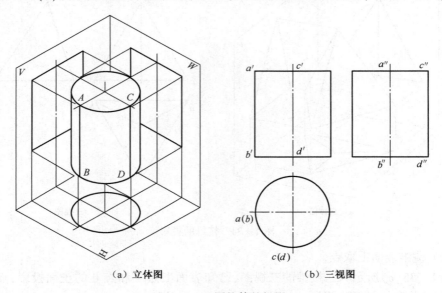

(a) 立体图　　　　　　　　　　(b) 三视图

图 1-36　圆柱体的投影

柱面构成。水平圆既是上、下底面圆的投影,也是圆柱面的投影。AB 是前半圆柱面到后半圆柱面的转向轮廓线,CD 是左半圆柱面到右半圆柱面的转向轮廓线。图 1-36(b)是圆柱体的三视图。

(2) 圆柱表面上取点。

如图 1-37(a)所示,已知圆柱面上的点Ⅰ的正面投影、点Ⅱ的侧面投影和点Ⅲ的水平投影,求作各点的其余投影。

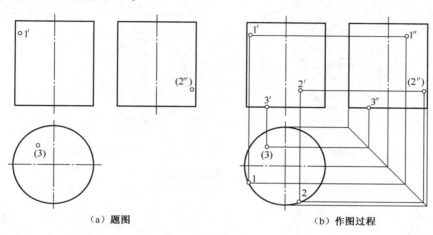

(a) 题图　　　　　　　　　　　　(b) 作图过程

图 1-37　圆柱体表面上取点

圆柱面上取点同样要根据给定条件首先确定点的空间位置。由于点Ⅰ的正面投影是可见的,且在左半圆柱面的区域内,说明点Ⅰ在左前圆柱面上。由于点Ⅱ的侧面投影不可见,说明点Ⅱ在右前圆柱面上。点Ⅲ的水平投影不可见,说明点Ⅲ在下底面上。

确定了点的位置后,利用积聚性可以分别求得点的其余两投影,如图 1-37(b)所示。

2) 圆锥体的投影

(1) 圆锥体的三面投影。

图 1-38(a)所示是圆锥体投影的直观图。圆锥体由水平底圆面和圆锥面构成。SA 是前半圆锥面至后半圆锥面的转向轮廓线。SB 是圆锥左半圆锥面至右半圆锥面的转向轮廓线。图 1-38(b)所示为圆锥体的三视图。

(2) 圆锥表面上取点。

如图 1-39(a)所示,已知圆锥表面上的点 A 和点 B 的正面投影,求作它们的水平投影和侧面投影。

圆锥表面上取点,同样应先分析点的空间位置。由主视图可知点 a′和 b′均可见,说明点 A 与点 B 均在前半圆锥面上,且点 A 在左前圆锥面上,点 B 在右前圆锥面上。

由于点 A 和点 B 不在圆锥面的特殊位置上,圆锥面也不具有积聚性,因而无法直接确定其余投影。为此,必须在圆锥面上作辅助线。

圆锥面上的辅助线有两种:通过该点的辅助纬圆;通过该点与锥顶的辅助直线。

辅助纬圆法:过点 a′作与底圆的正面投影平行的辅助线得 1′,则该纬圆的水平投影是以 s 点为圆心、以 s1 为半径的圆。根据点的投影规律即可作出其水平投影 a,再作出其侧面投影 a″。

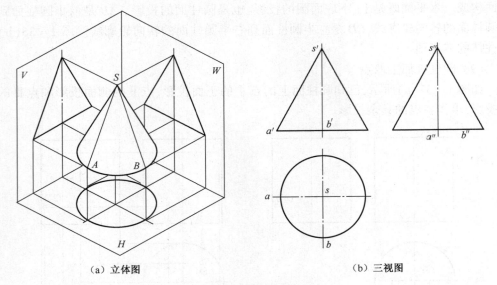

(a) 立体图　　　　　　　　　(b) 三视图

图 1-38　圆锥体的投影

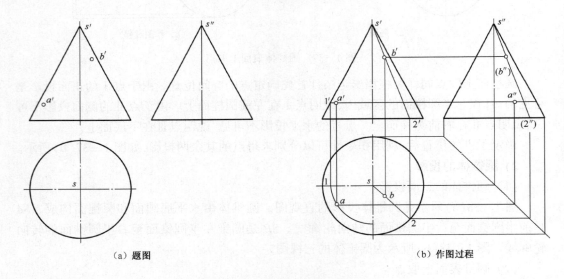

(a) 题图　　　　　　　　　(b) 作图过程

图 1-39　圆锥体表面上取点

辅助直线法：过点 b' 与锥顶 s' 作直线交底圆于 $2'$，根据投影规律作出直线的水平投影 $s2$ 和侧面投影 $s''2''$，则点 B 的水平投影 b 落在 $s2$ 上，侧面投影落在 $s''2''$ 上且不可见，标记为 (b'')，如图 1-39(b) 所示。

3）圆球的投影

（1）圆球的三面投影。

球面是圆绕它的任意一条直径轴旋转而成的，球上的每一点的运动轨迹都是圆。

图 1-40(a) 所示是圆球投影的直观图。前半球至后半球的转向轮廓线是球面上的最大正平圆 A，水平投影与侧面投影均落在轴线上。同理，上半球和下半球的转向轮廓线就是球面上的最大水平圆，左半球至右半球的转向轮廓线就是球面上的最大侧平圆。

图1-40(b)是球体的三视图。

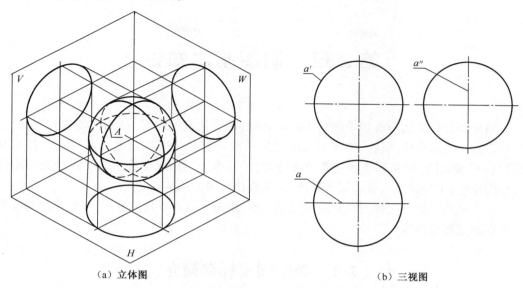

(a) 立体图　　　　　　　　　(b) 三视图

图1-40　圆球的投影

(2) 球面上取点。

如图1-41(a)所示,已知点 A 和点 B 的正面投影,求作该两点的水平投影和侧面投影。

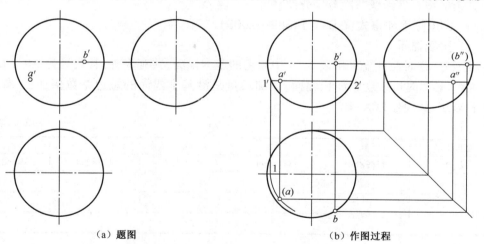

(a) 题图　　　　　　　　　(b) 作图过程

图1-41　圆球表面上取点

圆球面不具有积聚性,为此,必须在圆球面上作辅助圆来求解。

由图1-41(a)可知,点 a′可见,说明点 A 在前半球面上。同时,该点位于左下球面内,故其水平投影不可见,侧面投影可见。过 a′作直径为 1′2′的水平圆,则点 A 的水平投影一定落在该圆的水平投影圆上且不可见,标记为(a)。然后根据投影规律作出侧面投影 a″。

点 b′可见且在轴线上,说明点 B 在前半球面上并在最大水平圆上。故其水平投影 b 就在轮廓圆上,再根据投影规律作出侧面投影 b″。因点 B 在圆球的右面,故其侧面投影不可见,标记为(b″)。

第 2 章 制图基本知识

图样是设计和制造过程中的重要技术文件,是表达设计思想、技术交流、指导生产的工程语言。为适应生产技术的发展及国际间的经济贸易往来和技术交流,我国《技术制图》与《机械制图》国家标准经过修改和补充,已基本上与国际标准接轨。在绘制与阅读工程图样时,工程技术人员必须严格遵守、认真执行国家标准。

本章主要介绍与工程图样有关的国家标准、绘图工具和仪器的使用方法、绘图基本技能及平面图形绘制等。

2.1 制图国家标准简介

国家标准简称"国标",其代号为"GB"。例如 GB/T 14689—2008,其中"T"为推荐性标准,"14689"是标准顺序号,"2008"是标准颁布的年代号。本节仅介绍其中的部分标准,其余的将在后续章节中分别介绍。

1. 图纸幅面和格式(GB/T 14689—2008)

1) 图纸幅面

绘制图样时应优先采用表 2-1 中规定的基本幅面,共有 5 种,其代号为 A0、A1、A2、A3、A4。必要时可按规定加长幅面,即加长量是沿基本幅面的短边整数倍加长,如 3 倍 A3 的幅面,其代号为 A3×3。

(单位:mm)

幅面代号	A0	A1	A2	A3	A4
$L×B$	1189×841	841×594	594×420	420×297	297×210
e	20			10	
c	10			5	
a	25				

2) 图框格式

图样无论是否装订,都必须用粗实线画出图框,其格式分为不留装订边和留有装订边两种,如图 2-1 和图 2-2 所示。图框距图幅边线的尺寸按表 2-1 中的 a、c 或 e 取值。注意:同一产品的图样一般要采用同一种格式。

图幅长边置水平方向者称为 X 型图纸,置垂直方向者为 Y 型图纸。

3) 标题栏

每张图样中均应有标题栏,用来填写图样上的综合信息。国家标准规定了标题栏格式、内容及尺寸,其常用格式如图 2-3 所示,学生在制图作业中也可采用图 2-4 中的简易格式。

第 2 章　制图基本知识

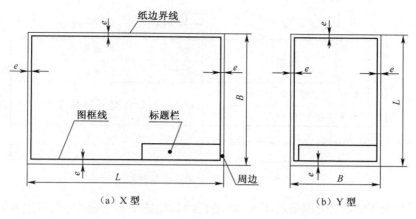

图 2-1　不留装订边的图框格式

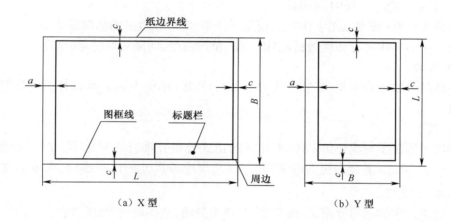

图 2-2　留有装订边的图框格式

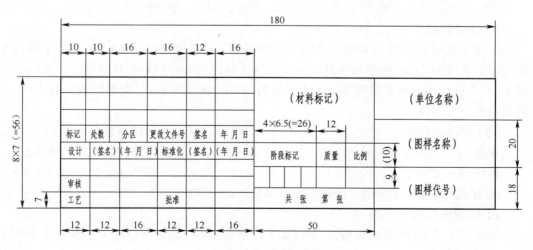

图 2-3　标题栏格式

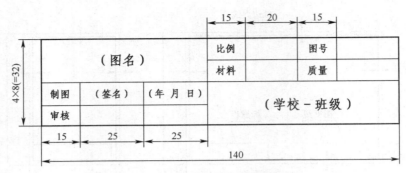

图 2-4 制图作业简易标题栏格式

标题栏的位置应在图框的右下角,标题栏的长边置于水平方向,其右边和底边均与图框线重合,标题栏中的文字方向为看图方向。

2. 字体(GB/T 14691—1993)

在国家标准《技术制图字体》中,规定了汉字、字母和数字的结构形式。

图样中的字体书写必须做到:字体工整、笔画清楚、间隔均匀、排列整齐。

1) 号数

字体的号数分为 1.8、2.5、3.5、5、7、10、14、20(单位为 mm)等八种。字号等于字体的高度。

2) 汉字

制图中的汉字写成长仿宋体,采用我国正式公布并推行的简化字。汉字的高度(h)不应小于 2.5mm。若要写更大的字,其字体高度应按尺寸的比率递增,字体的宽度等于字体高度的 $\sqrt{2}/2$。

长仿宋体字的书写要领是:横平竖直,锋角分明,结构均匀,填满方格。

长仿宋体汉字示例:

<big>横平竖直,锋角分明,结构均匀,填满方格</big>

3) 字母和数字

字母和数字分 A 型和 B 型,A 型字的笔画宽度(d)为字高(h)的 1/14,B 型字体的笔画宽度为字高的 1/10,数字和字母可写成直体或斜体(与水平线成 75°倾角)。在同一图样上,只允许选用一种类型的字体。用作指数、脚注、极限偏差、分数等的数字及字母,一般采用小一号字体。

拉丁字母示例: 阿拉伯数字示例:

直体:A B C D E L a b c d e l 直体:0 1 2 3 4 5 6 7 8 9

斜体:*A B C D E L a b c d e l* 斜体:*0 1 2 3 4 5 6 7 8 9*

3. 图线(GB/T 17450—1998,GB/T 4457.4—2002)

1) 图线的型式及应用

标准规定了 15 种基本线型,所有线型的图线宽度(d)应按图样的类型和尺寸大小在下列数系中选择:0.13、0.18、0.25、0.35、0.5、0.7、1、1.4、2(单位为 mm)。在同一图样中,同类图线的宽度应一致。

图样中通常采用表 2-2 列出的 8 种图线,按线宽分为粗线和细线两种,宽度比为 2∶1,一般粗线宽度优先选用 0.7mm 或 0.5mm。

表 2-2 图线及应用举例

图线名称	图线型式	宽度	应用举例
粗实线	————————	d	可见轮廓线
细虚线	– – – – – –	$d/2$	不可见轮廓线
细点画线	— · — · — · —	$d/2$	轴线、对称中心线、节圆及节线
细实线	————————	$d/2$	尺寸线、尺寸界线、剖面线、重合断面的轮廓线、投射线、辅助线
细波浪线	～～～～	$d/2$	断裂处的边界线、视图与剖视的分界线
细双折线	—⌁—⌁—	$d/2$	断裂处的边界线
细双点画线	— ·· — ·· —	$d/2$	相邻零件的轮廓线、中断线、移动件的限位线、轨迹线
粗点画线	— · — · —	d	有特殊要求的线或表面的表示线

2) 图线画法

图线画法示例如图 2-5 所示。

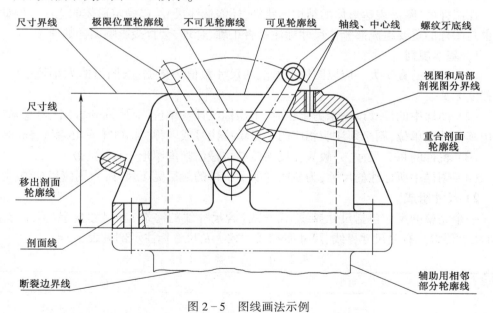

图 2-5 图线画法示例

(1) 同一图样中,同一线型的图线宽度应一致。虚线、点画线及双点画线各自的画长和间隔应尽量一致。

(2) 点画线、双点画线的首尾应为长画,不应画成短画,且应超出轮廓线 2~4mm。

(3) 点画线、双点画线中的点是很短的一横,不能画成圆点,且应点、线一起绘制。

(4) 在较小的图形上绘制点画线或双点画线有困难时,可用细实线代替。

(5) 虚线、点画线、双点画线相交时,应是线段相交。

(6) 当各种线型重合时,应按粗实线、虚线、点画线的顺序只画出最前的一种线型。

(7) 当虚线为粗实线的延长线时,虚线以间隙开头画线;当虚线不是粗实线的延长线时应以短画开头画线。

4. 比例(GB/T 14690—1993)

比例是指图中图形与其实物相应要素的线性尺寸之比。

绘图时应尽量采用1:1的原值比例,以便从图样上直接估计出物体的大小。绘制图样时,应优先选取表2-3中所规定的比例数值,必要时才允许选用带括号的比例。

表 2-3 规定的比例系列

与实物相同	1:1
缩小的比例	(1:1.5) 1:2 (1:2.5) (1:3) (1:4) 1:5 (1:6) 1:10^n (1:1.5^n) 1:2×10^n (1:2.5×10^n) (1:3×10^n) (1:4×10^n) 1:5×10^n (1:6×10^n)
放大的比例	2:1 (2.5:1) (4:1) 5:1 10^n:1 2×10^n:1 (2.5×10^n:1) (4×10^n:1) 5×10^n:1

注:n为正整数

图样无论放大或缩小,在标注尺寸时,都应按物体的实际尺寸标注数值。同一张图样上的各视图应采用相同的比例,该比例值填写在标题栏中的"比例"栏内。当某视图需要采用不同的比例时,可在该视图名称的下方或右侧注写出比例值。

5. 尺寸标注(GB/T 16675.2—1996,GB/T 4458.4—2003)

在图样中,除需表达形体的结构形状外,还需标注尺寸,以确定形体的大小。因此,尺寸也是图样的重要组成部分。尺寸标注是否正确、合理,会直接影响图样的质量。

1) 基本规则

(1) 机件的真实大小应以图样上所注的尺寸数值为依据,与图形的大小及绘图的准确程度无关。

(2) 图样中的尺寸以毫米为单位时,不需标注计量单位代号"mm"或名称"毫米",如采用其他计量单位,则必须注明相应的计量单位代号或名称,如45°(或45度)、5m等。

(3) 机件的每个尺寸,一般只在反映该结构最清晰的图形上标注一次。

(4) 图样中所标注的尺寸,为该图样所示机件的最后完工尺寸,否则应另加说明。

2) 尺寸组成

一个完整的尺寸包括尺寸界线、尺寸线(含尺寸线的终端)和尺寸数字(含字母和符号)几个要素。有关尺寸界线、尺寸线和尺寸数字及尺寸标注示例见表2-4。

表 2-4 尺寸标注示例

内容	说 明	图 例
尺寸界线	尺寸界线用细实线绘制,并应从图形的轮廓线、轴线或对称中心线处引出。也可利用轮廓线、轴线或对称中心线作尺寸界线	

(续)

内容	说 明	图 例
尺寸线	尺寸线用细实线绘制,尺寸线终端有箭头和斜线两种形式,同一张图样中只能采用一种尺寸线终端形式。 (1) 箭头形式适用于各种类型的图样,在同一张图样上箭头的大小应一致。 (2) 斜线形式主要用于建筑图样,斜线用细实线绘制,采用斜线形式时,尺寸线与尺寸界线一般应互相垂直,且斜线方向为尺寸线位置逆转 45°的方向	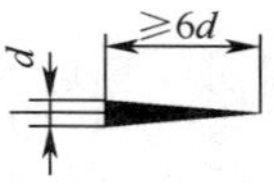 d 为图中粗实线宽度 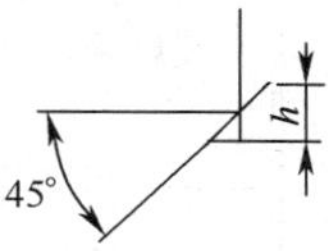　　h 为字体高度
	尺寸线一般不得与其他图线重合或画在其延长线上	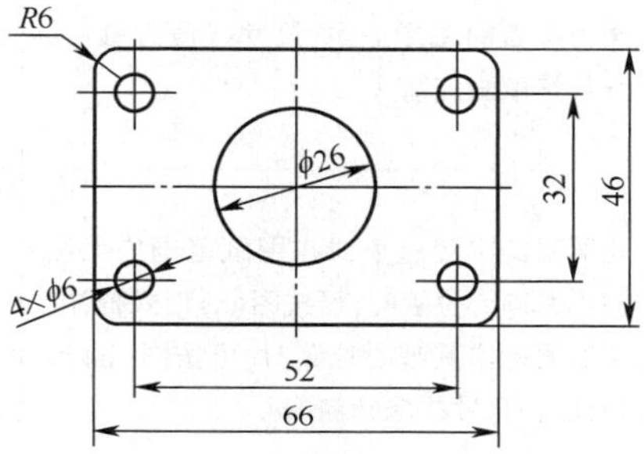
	线性尺寸的尺寸线必须与所标注的线段平行。 当有几条互相平行的尺寸线时,尺寸线的间距应相等;尺寸的排列应做到小尺寸在里大尺寸在外	
尺寸数字	同一张图样中尺寸数字的高度应相等。线性尺寸的数字一般注写在尺寸线的上方,在不致引起误解时,也允许水平注写在尺寸线的中断处,但在同一图样中,应尽可能按同一种形式注写	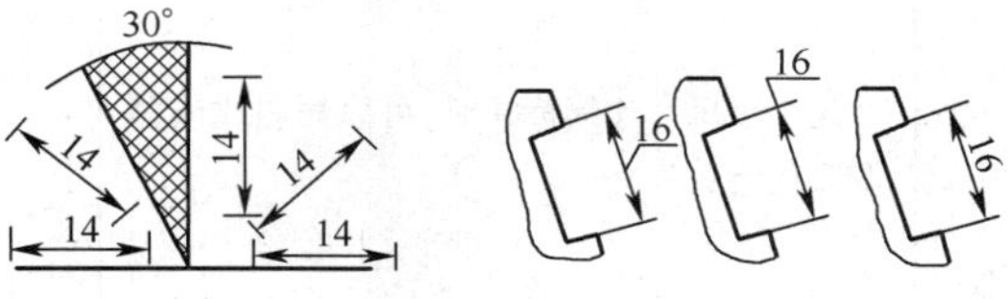
	线性尺寸的数字一般应垂直尺寸线(斜体字则再右偏 15°),且水平方向字头朝上;垂直方向字头朝左;倾斜方向字头有向上的趋势,如图(a)所示,并尽可能避免在图示 30°范围内标注尺寸,当无法避免时,可按图(b)所示形式标注	(a)　　(b)
	尺寸数字不能被任何图线所通过,无法避免时应将图线断开	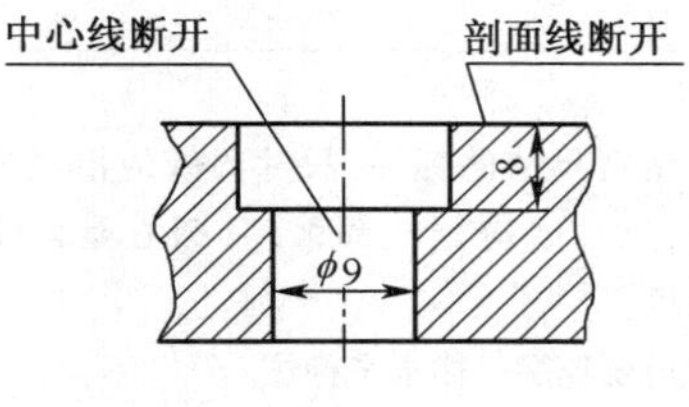 中心线断开　　剖面线断开

内容	说 明	图 例
直径与半径	整圆或大于半圆的圆弧一般标注直径尺寸,并在数值前加"φ",尺寸线通过圆心,尺寸线终端画成箭头	
	小于或等于半圆的圆弧标注半径,并在半径尺寸数字前加注"R",半径尺寸必须注在投影为圆弧的图形上,且尺寸线应过圆心,尺寸线终端画成箭头	
	当圆弧的半径过大或在图纸范围内无法标注出其圆心位置时,可按图(a)形式标注;若不需要标出其圆心位置时,可按图(b)形式标注,但尺寸线应指向圆心	(a) (b)
	若为球面轮廓还需在 φ 或 R 前加注"S"符号	
窄小尺寸	几个小尺寸连续标注时,可以短斜线或黑点取代箭头	
	在没有足够的位置画箭头或标注尺寸数字时,可将其中之一或都布置在外面	
角度	角度尺寸的标注,尺寸界线应沿径向引出,尺寸线应画成圆弧,其圆心是该角的顶点。 角度数字一律水平标注	

(续)

内容	说　　明	图　　例
对称图形	当对称机件的图形只画一半或略大于一半时，尺寸线应略超过对称中心或断裂处的边界线，并在尺寸线一端画出箭头	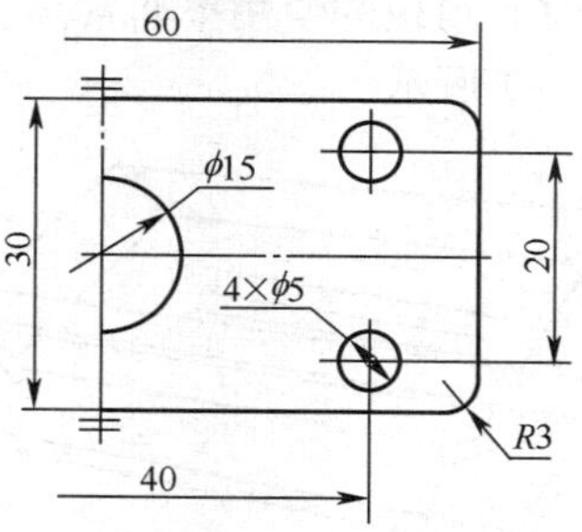
正方形结构	表示断面为正方形结构尺寸时，可在正方形尺寸数字前加注"□"符号，或用 $a×a$ 表示	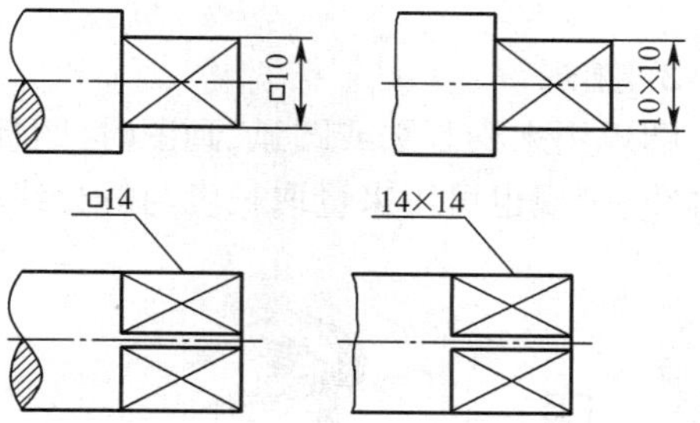
均布结构	相同的尺寸的简化标注，其中"×"前的数字为均布尺寸或结构的数量，"EQS"为"均布"的缩写词	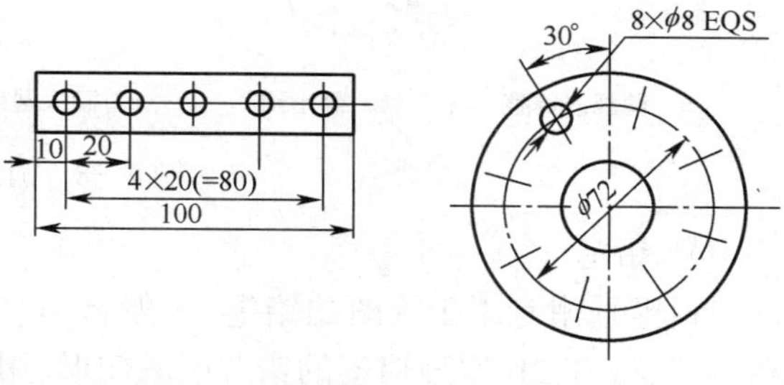

2.2　绘图工具和仪器的使用

绘制工程图样有三种方法：尺规绘图、徒手绘图和计算机绘图。

尺规绘图是绘制各种图样的基础，它是借助丁字尺、三角板、圆规等绘图工具和仪器进行手工操作的一种绘图方法。正确使用绘图工具和仪器是保证图面质量、提高绘图速度的前提。

工程设计的构思阶段、测绘阶段常常采用尺规工具绘制。因此要求在学习阶段就必须对所绘图线表达无误，并严格遵守国家标准中对图线画法的规定。

1. 图板和丁字尺

图板为木制胶合板，用于固定图纸。平常维护应注意防止打击板面并不能用水洗刷。丁字尺多为透明有机玻璃制作，分尺头和尺身两部分。绘图时丁字尺的尺头靠紧图板的左导边,上下移动,与图板配合画水平线,如图2-6所示。

2. 三角板

绘图时三角板的使用率非常高,一副三角板或配合丁字尺可绘制各种特殊角度的线段,如图2-7所示。

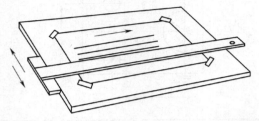
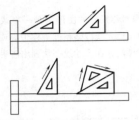

图2-6　图板、丁字尺的配合使用及画线方向　　图2-7　丁字尺、三角板的配合使用及画线方向

3. 圆规

圆规用来绘制圆或圆弧,画图时,圆规的针脚和铅芯应尽量与纸面垂直,且顺时针方向画线;圆规也可用来量取长度与等分线段,如图2-8所示。

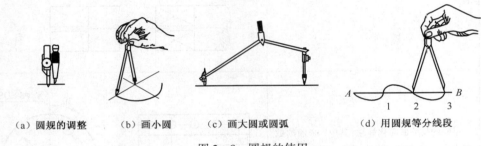

（a）圆规的调整　　（b）画小圆　　（c）画大圆或圆弧　　（d）用圆规等分线段

图2-8　圆规的使用

4. 铅笔

铅笔采用专用于绘图的铅笔,一般将H、HB型号铅笔的铅芯削成锥形,用来画细线和写字,将B、2B型号铅笔的铅芯削成楔形,用来画粗线,如图2-9所示。

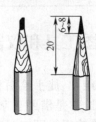

图2-9　铅笔的笔芯形状和尺寸

2.3　常见几何作图方法

1. 等分线段

等分线段及作已知直线的平行线和垂直线,见表2-5。

表 2-5 等分线段及作平行线和垂直线

内容	方法和步骤	图 示
等分线段 AB（以 5 等分为例）	（1）过点 A 任作一直线 AC,用分规以任意长度为单位长度,在 AC 上截得 1、2、3、4、5 个等分点。 （2）连 5B,过点 1、2、3、4 分别作 5B 的平行线,与 AB 交于 1′、2′、3′、4′,即得各等分点	
过定点 K 作直线 AB 的平行线	先使三角板的一边过 AB,以另一个三角板的一边作导边,移动三角板,使一边过点 K,即可过点 K 作 AB 的平行线	
过定点 K 作直线 AB 的垂直线	先使三角板的斜边过 AB,以另一个三角板的一边作导边,将三角板翻转 90°角,使斜边过点 K,即可过点 K 作 AB 的垂线	

2. 等分圆周及作正多边形

等分圆周,可利用三角板、丁字尺、圆规等绘图工具,见表 2-6。

表 2-6 等分圆周及作正多边形

内　容	方法和步骤	图　示
三等分圆周和作正三边形	先使 30°三角板的一直角边过直径 AB,以 45°三角板的一边作导边。然后移动 30°三角板,使其斜边过点 A,画直线交圆于 1 点,将 30°三角板反转 180°。过点 A 用斜边画直线,交圆于 2 点,连接 1、2,则三角形 A12 即为圆内接正三边形	

(续)

内容	方法和步骤	图示
六等分圆周和作正六边形	圆规等分法： 以已知圆的直径的两端点 A、B 为圆心，以已知圆的半径 R 为半径画弧与圆周相交，即得等分点，依次连接，即得圆内接正六边形	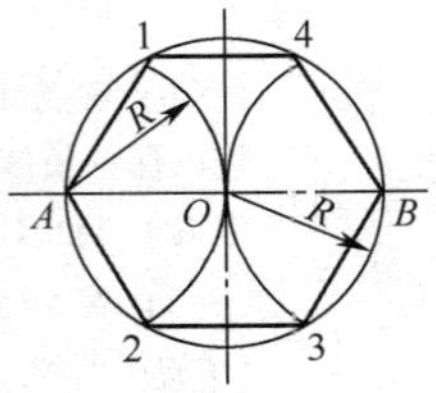
	30°或60°三角板与丁字尺（或45°三角板的一边）相配合作内接或外接圆的正六边形	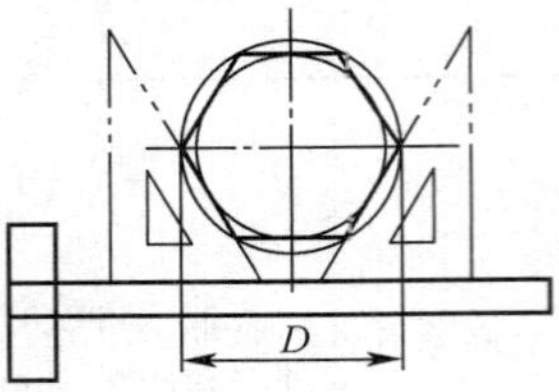

3. 椭圆的性质和画法

椭圆为常见的非圆曲线，在已知长、短轴的条件下，通常采用同心圆法和四心法作椭圆，见表 2-7 说明。

表 2-7 椭圆的性质和画法

性质	画法	图示
一动点到两定点（焦点）的距离之和为一常数（等于长轴），该动点的轨迹为椭圆	同心圆法（精确法）： 分别以长轴 AB 和短轴 CD 为直径画同心圆，过圆心作一系列放射线交两圆得一系列点，过放射线与大圆的交点作平行于短轴 CD 的直线，过放射线与小圆的交点作平行于长轴 AB 的直线，两组相应直线的交点即为椭圆上的点，依次光滑连接，即得椭圆	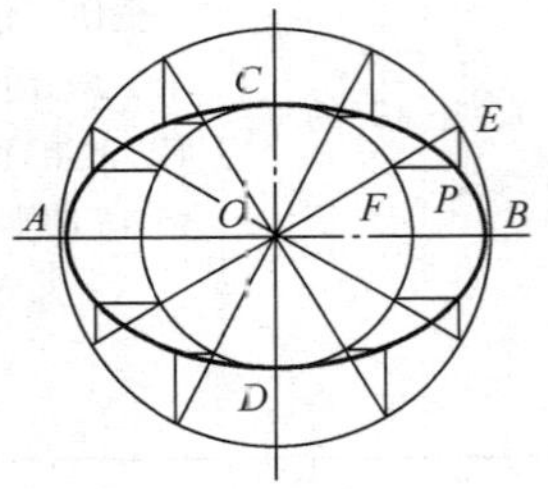
	四心圆弧法（近似法）： 作出椭圆的长轴 AB 和短轴 CD。连接 AC，取 CM=OA-OC，作 AM 的中垂线，使之与长、短轴分别交于 O_3、O_1 两点。作与 O_1、O_3 的对称点 O_2、O_4，连 O_1O_3、O_1O_4、O_2O_3、O_2O_4 并延长。分别以 O_1、O_2 为圆心，$R_1=O_1C$（或 O_2D）为半径，画弧交 O_1O_3、O_1O_4、O_2O_3、O_2O_4 的延长线于 E、F、G、H，分别以 O_3、O_4 为圆心，$R_2=O_3A$（或 O_4B）为半径，画弧与前所画圆弧连接即得椭圆	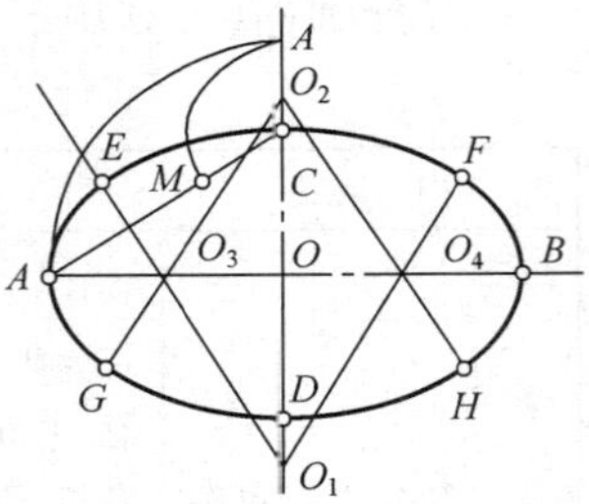

4. 斜度和锥度

斜度是指一直线（或平面）对另一直线（或平面）的倾斜程度。工程上用直角三角形的两直角边的比值来表示，并规定写成 1:n 的形式，其画法与注法如图 2-10 所示。

锥度是正圆锥的底圆直径与锥高之比,并规定写成 1∶n 的形式,其画法与注法如图 2-11 所示。

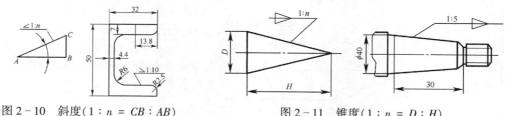

图 2-10　斜度(1∶n = CB∶AB)　　　图 2-11　锥度(1∶n = D∶H)

斜度和锥度的标注应注意符号的尖角方向与斜度或锥度方向一致。

5. 圆弧连接

1) 圆弧连接的基本原理

圆弧连接就是用圆弧光滑连接已知圆弧或直线,连接处是相切的。这个起连接作用的圆弧称为连接弧。为保证圆弧的光滑连接,作图时必须准确找出连接圆弧的圆心和切点。

注意:连接圆弧圆心的轨迹线总是平行于所要连接的已知圆弧,且距离为连接圆弧的半径值,表 2-8 为求连接圆弧圆心轨迹的原理和尺寸关系,以及找连接点(切点)的方法。

表 2-8 求连接圆弧圆心轨迹的目的是为了找出连接圆弧的圆心。图 2-12 和图 2-13 为作图举例。在画连接圆弧时,一定要先找出连接圆弧圆心点和连接点(要求保留作图过程轨迹线),然后只在两连接点间画出粗实线的连接圆弧(不要画出头,也不得少画而没连接上已知线段)。

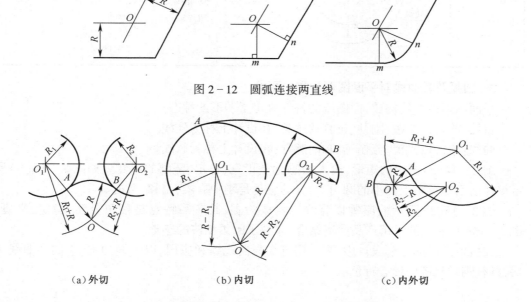

图 2-12　圆弧连接两直线

(a) 外切　　　(b) 内切　　　(c) 内外切

图 2-13　圆弧连接已知圆弧的三种情况

表 2-8 求连接圆弧圆心轨迹的原理及找连接点方法

连接形式	图 例	连接弧圆心轨迹	连接点(切点)
连接弧与已知直线相切	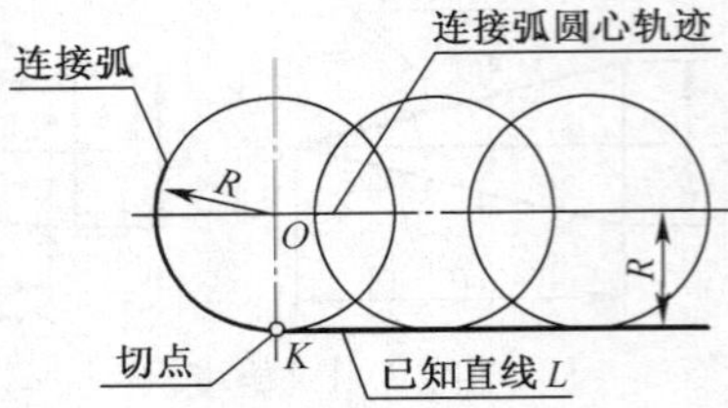	为一直线,与已知直线 L 平行,距离为 R	为从圆心 O 向已知直线 L 所作垂线的垂足 K
连接弧与已知圆弧外切	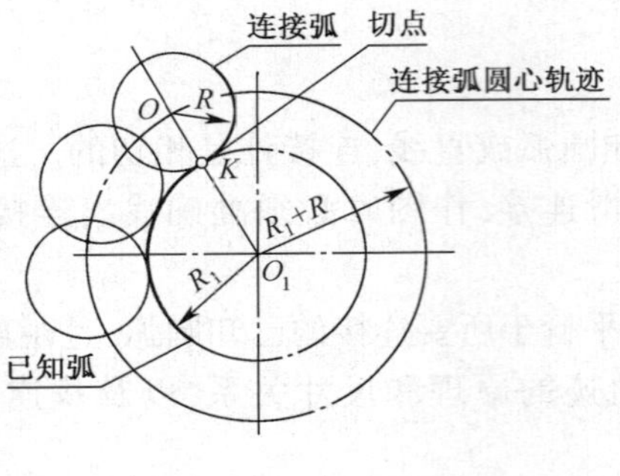	为已知圆弧 O_1 的同心圆,半径为 R_1+R(与已知圆弧平行,距离为 R)	为两圆弧的圆心连线 O_1O 与已知圆弧的交点 K
连接弧与已知圆弧内切	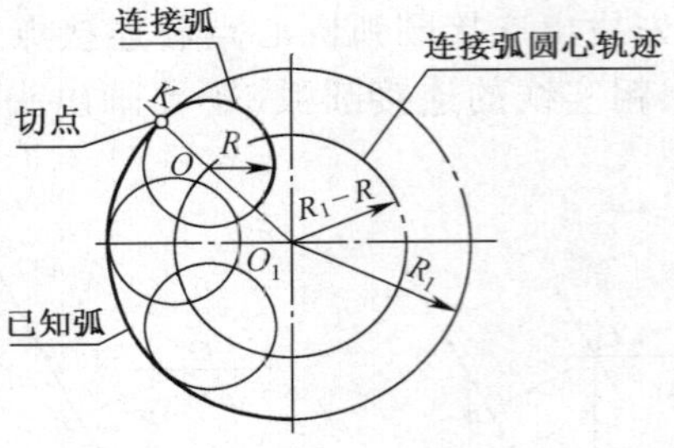	为已知圆弧 O_1 的同心圆,半径为 $\|R_1-R\|$(与已知圆弧平行,距离为 R 或 $\|R-2R_1\|$)	为两圆弧的圆心连线 O_1O 的延长线与已知圆弧 O_1 的交点 K

2) 圆弧及其曲线对平面图形神态的影响

平面图形由图线构成,而图线的特性决定了图形的神态。

直线:给人以挺拔、刚劲、正直的感觉,在设计上称为硬线。

曲线:给人以光滑、流畅、温和的感觉,在设计上称为软线。

图 2-14(a)所示的矩形,给人的感觉是正直、稳定、坚硬的感觉。如图 2-14(b)所示仅在前面矩形角上做小的圆角,给人的感觉是刚中有柔,温和、亲近。

图 2-15(a)所示的座钟以直线边构成为主,其产品特点是棱角分明、稳定、坚挺。图 2-15(b)所示的手机产品曲直结合,体现了刚柔相济的感觉。

在机电产品的轮廓设计中,多采用直线与曲线综和应用,以直线为主,小曲率曲线为辅,具有刚柔相济的形态特色。

(a) 矩形　　　　　　　(b) 圆角矩形

图 2-14　平面图形的神态比较与分析

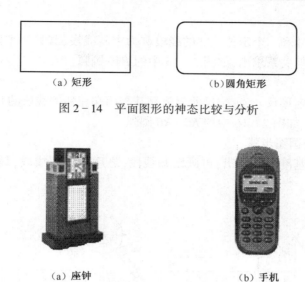

(a) 座钟　　　　　　　(b) 手机

图 2-15　产品的神态比较与分析

2.4　平面图形画法与尺寸标注

机件的轮廓形状是多种多样的,但在技术图样中,表达它们结构形状的图形,都是由直线、圆和其他一些曲线组成的平面图形。

1. 平面图形的尺寸和基准线
1) 尺寸的分类

按尺寸的具体作用,平面图形中的尺寸分为定形尺寸和定位尺寸。

(1) 定形尺寸:确定平面图形形状和大小的尺寸,如图 2-16 中的 $\phi10$、$\phi20$、$R6$、$R40$、$R5$、8。

(2) 定位尺寸:确定平面图形各部分相对位置的尺寸,如图 2-16 中的 20、6、10、60。

2) 基准线

基准线是确定平面图形在水平和铅垂方向的位置线(如图 2-16 中 $\phi10$、$\phi20$ 两圆水平和铅垂方向的中心线),要首先画出。再从基

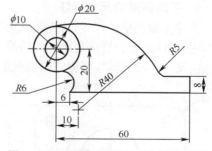

图 2-16　平面图形的尺寸与线段分析

准线开始,根据定位尺寸和定形尺寸按一定步骤画图。基准线是标注(或测量)定位尺寸的起点,也称为定位尺寸的基准。

2. 平面图形的线段分析
1) 已知线段

具有齐全的定形尺寸和定位尺寸的线段称为已知线段,如图 2-16 中的 $\phi10$ 和 $\phi20$ 等。

2) 中间线段

只给出定形尺寸和一个定位尺寸的线段称为中间线段,其另一个定位尺寸要依靠与相邻已知线段的几何关系求出,如图 2-16 中的 $R40$ 圆弧。

3) 连接线段

只给出线段的定形尺寸,定位尺寸要依靠其与两端相邻的线段的几何关系求出,这类线段称为连接线段,如图 2-16 中的 $R5$、$R6$ 圆弧。

3. 平面图形的画图步骤

作图时先选好基准线并画出,再画已知线段,之后画中间线段,最后画连接线段,如图 2-17 所示。

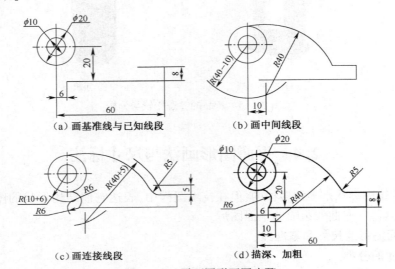

图 2-17 平面图形画图步骤

4. 平面图形的尺寸标注

标注平面图形的尺寸,首先要选定图形基准线位置,其次要分析清楚各尺寸所属类型。在标注尺寸时,要分析清楚所标注的线段的性质,按已知线段、中间线段、连接线段的顺序逐个标注尺寸。尺寸标注要遵守国标规定,图 2-18 所示为一些常见平面图形的标注。

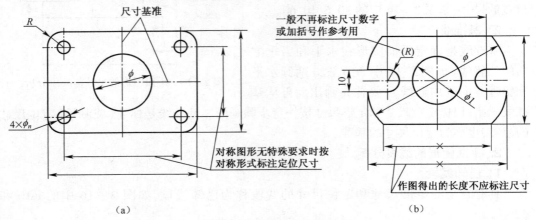

图 2-18 平面图形的尺寸标注

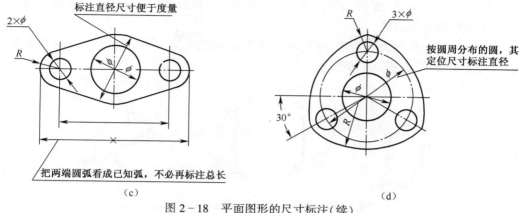

图 2-18 平面图形的尺寸标注(续)

2.5 手工绘图方法与步骤

1. 仪器绘图

用仪器绘图是工程技术人员应该掌握的主要技能之一。要绘制出一幅好的图样,除了需要掌握国家制图标准,掌握正确的几何作图方法和正确使用绘图工具外,合理的绘图步骤将能提高绘图工作的效率,保证图样的高质量。通常,在使用仪器绘制工程图样时,一般应按以下步骤进行。

（1）作好绘图前的准备工作。首先准备好图板、丁字尺、三角板、绘图仪器、橡皮、胶带纸等,并将图板、丁字尺和三角板擦拭干净;清理桌面后,各种用具放在适当的位置上,暂时不用的工具、书籍不要放在图板上。

（2）分析所画对象。画图前,要了解所画的物体。如果抄画图样,应看懂图形,分析图形的连接情况。

（3）选择画图的比例和图幅,固定图纸。根据前面的分析,要在国家标准中选用符合规范的比例和图纸幅面。用胶带纸将图纸固定在图板的左下方,下部空出的距离要能放置丁字尺,以便操作。

（4）布置图形,画作图基准线。首先画出图框和标题栏轮廓,然后画出各个图形的作图基准线,如对称中心线、主要轮廓线。注意要布图均匀。

（5）画底稿。绘制底稿时应注意:先画已知线段,再画中间线段,最后画连接线段。底稿线要细,但应清晰。

（6）描深图线。底稿画好后,先检查有无错误,更正后,再描深图线。图线要求粗细均匀分明,符合国家标准。应按先曲线后直线、由上到下、由左向右的原则进行。

（7）标注尺寸,书写文字,填写标题栏,检查并清理图面。

2. 徒手绘图

为了提高学习效率和达到从事测绘等作图工作的要求,工程技术人员必须具备徒手绘制图形的能力。徒手绘图一般不借助绘图工具和仪器,用目测物体的形状和大小,手持铅笔绘制图形。

徒手所画图形称为草图,绘制徒手图的要求是图线粗细分明,各部分比例匀称,绘图速度快,标注尺寸准确、齐全,字体工整,图面整洁。这里只谈绘制图形的方法和技巧。

1) 握笔和运笔方法

手握笔要松,运笔力求自然;眼睛要注意笔尖前进方向,留意线段终点;短线手腕运笔,长线手臂带笔,如图 2-19 所示。

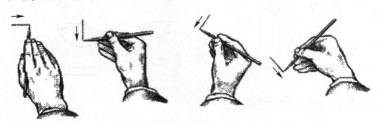

图 2-19　徒手绘图方法(握笔和运笔方法)

2) 特殊角度斜线的画法

对于 45°、30°、60° 等常见角度,可根据两直角边的比例关系,定出两端点,然后连接两点即为所画的角度线。如画 10°、15° 等角度线,可先画 30° 角后,再等分求得,如图 2-20 所示。

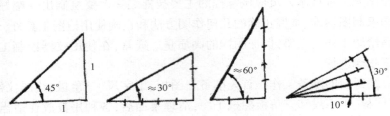

图 2-20　徒手绘图方法(角度线的画法)

3) 圆的画法

先徒手作两条互相垂直的中心线,定出圆心,再根据直径大小,用目测估计半径大小。画小圆时,在中心线上定出四点,然后徒手将各点连接成圆。当所画的圆较大时,可过圆心多作几条不同方向的直径线,在中心线和这些线上用目测定出若干点后,再徒手将各点连接成圆,如图 2-21 所示。

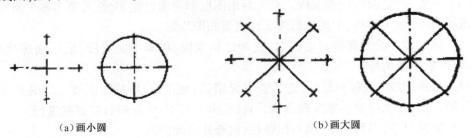

(a)画小圆　　　　　　　　　　(b)画大圆

图 2-21　徒手绘图方法(圆的画法)

4) 椭圆的画法

首先徒手作两条互相垂直的中心线,在中心线上用目测定出椭圆外切菱形的长、短对角线的端点;然后连接各端点得椭圆外切菱形,且过中心点与菱形对边的中点作线;最后作出四段圆弧得椭圆,如图 2-22 所示。

图 2-22 徒手绘图方法(椭圆的画法)

5) 平面图形的画法

如图 2-23 所示,作图时先选好基准线并徒手画出,再画已知线段,之后画中间线段,最后画连接线段(无尺寸标注)。

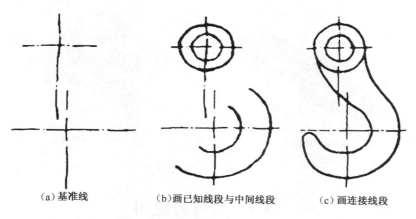

(a) 基准线　　　　(b) 画已知线段与中间线段　　　(c) 画连接线段

图 2-23 徒手绘图方法示例(一)

图 2-24 所示为平面图形的徒手草图绘制过程。

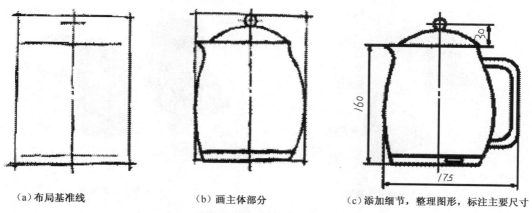

(a) 布局基准线　　　　(b) 画主体部分　　　　(c) 添加细节,整理图形,标注主要尺寸

图 2-24 徒手绘图方法示例(二)

画草图的步骤基本上与用仪器绘图相同,但草图的标题栏中不填写比例,绘图时,也不必固定图纸。

第 3 章 立体的投影

生产中一些零件的外形可以看成是基本立体被平面截切后所形成的;有些零件可看成是两基本立体相交形成的,也叫相贯;从几何角度分析,机器零件都可以看作是由若干个基本立体经过挖切、叠加后按一定方式组合而成的,简称组合体;从三维造型的角度看,机器零件也可以视为若干个基本立体经过布尔运算(并、差、交)后的一个集合体,如图3-1所示。

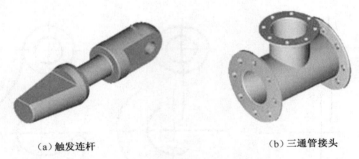

(a) 触发连杆　　　　　　　　(b) 三通管接头

图 3-1　零件的立体图

3.1　立体的截切

如图 3-2 所示,平面与立体相交,即立体被平面截切。

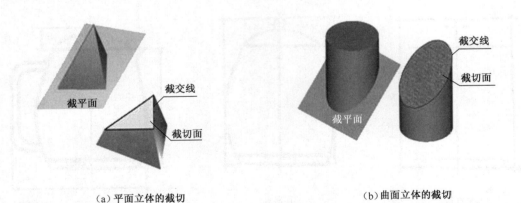

(a) 平面立体的截切　　　　　　　　(b) 曲面立体的截切

图 3-2　基本立体的截切

截平面——截切立体的平面。

截切面——立体被截切后的断面。

第 3 章 立体的投影

截交线——立体被平面截切后在表面上产生的交线。
截交线的性质：
（1）截交线是截平面与立体表面的共有线，其上的点是截平面与立体表面的共有点。
（2）截交线一般是封闭的平面图形。
因此，求截交线就是求截平面与立体表面的共有点的问题。

1. 平面立体的截切

平面截切平面立体时，截交线是由直线段围成的封闭的平面多边形。
平面立体截交线上的点可以分为：
（1）棱线的断点，如图 3-3 中的 Ⅰ、Ⅱ、Ⅲ、Ⅳ、Ⅴ 点。
（2）截平面与立体表面交线的两个端点，如图 3-3(a) 中的 A、B 点。
（3）两截平面交线在立体表面上的两个端点，如图 3-3(b) 中的 C、D 点。
求出了点的投影，并判断可见性，然后依次连线，即可得截交线的投影。

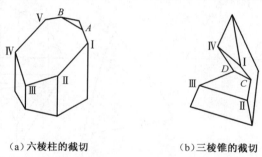

(a) 六棱柱的截切　　(b) 三棱锥的截切

图 3-3　平面立体的截切

【例 3-1】　如图 3-4(a) 所示，已知六棱柱被正垂面截切，补画俯视图并画出左视图。

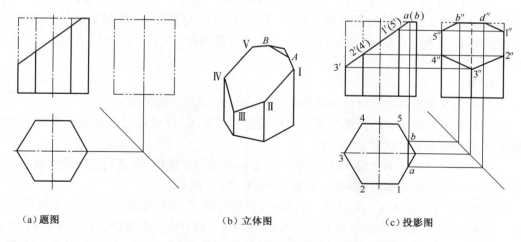

(a) 题图　　　　　(b) 立体图　　　　　(c) 投影图

图 3-4　六棱柱的截切

分析：由于截平面与六棱柱的六个棱面及上底面相交，所以截交线是七边形，如图 3-4(b) 所示。其七个点中 Ⅰ、Ⅱ、Ⅲ、Ⅳ、Ⅴ 点是棱线的断点，A、B 点是截平面与立体表面交线的两个端点。七边形的正面投影积聚成一斜线段，由正面投影可求出水平、侧面投影。

作图：

(1) 因截交线的正面投影积聚成直线，可首先在正面投影上找出七点的投影 1′、2′、3′、4′、5′、a′、b′。

(2) 根据点的投影规律，作出七点的水平投影 1、2、3、4、5、a、b 和侧面投影 1″、2″、3″、4″、5″、a″、b″。

(3) 截交线的各面投影均可见，依次连接各点的同面投影，即得截交线的投影。

(4) 补全其他轮廓线，完成左视图，如图 3-4(c)所示。

【例 3-2】 如图 3-5(a)所示，求作斜切三棱锥的截交线，完成三面投影图。

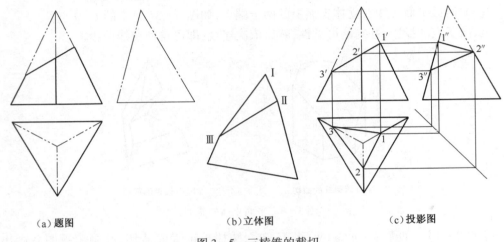

(a) 题图　　　　　(b) 立体图　　　　　(c) 投影图

图 3-5　三棱锥的截切

分析： 截平面与三棱锥的三个侧表面相交，截交线为三边形，三边形的三个顶点分别是三棱锥的三条棱线与截平面的交点，如图 3-5(b)所示。由于截平面是正垂面，其正面投影积聚为一直线，故截交线的正面投影为直线段，由正面投影可求出水平、侧面投影。

作图：

(1) 在正立投影面上找出棱线的断点 Ⅰ、Ⅱ、Ⅲ 三点的投影 1′、2′、3′。

(2) 利用直线上点的投影从属性和点投影三等关系，即可作出三点在水平面上的投影 1、2、3 和侧面上的投影 1″、2″、3″。

(3) 截交线的各面投影均可见，依次连接各点的同面投影，即获截交线的投影。

(4) 补全其他轮廓线，完成三视图，如图 3-5(c)所示。

【例 3-3】 如图 3-6(a)所示，已知四棱锥被截切，求作截交线，完成三面投影图。

分析： 此四棱锥由左往右分别被正垂面、水平面、侧平面三次截切。被正垂面截切时，截断面上有断点 1 个（Ⅱ点）、交线端点 2 个（C、D点），截交线为三角形。被侧平面截切时，截断面上有断点 1 个（Ⅰ点）、交线端点 2 个（A、B点），截交线亦为三角形。被水平面截切时，截断面有断点 2 个（Ⅲ、Ⅳ点）、两条交线端点 4 个（A、B、C、D点），截交线为六边形，如图 3-6(b)所示。

作图：

(1) 先画出完整四棱锥的左视图，然后在正面投影上找出断点 Ⅰ、Ⅱ、Ⅲ、Ⅳ 点的投影 1′、2′、3′、4′，根据点的投影规律，作出四点的水平投影 1、2、3、4 和侧面投影 1″、2″、3″、4″，且通过 3、4 两点作底面四边形的相似形，如图 3-6(c) 所示。

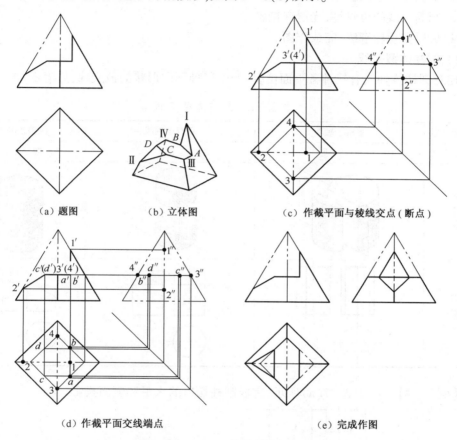

图 3-6　四棱锥的截切

(2) 在正面投影上找出 A、B、C、D 四点的投影 a′、b′、c′、d′。根据点的投影规律，作出四点的水平投影 a、b、c、d 和侧面投影 a″、b″、c″、d″，如图 3-6(d) 所示。

(3) 截交线的各面投影均可见，用粗实线依次连接各点的同面投影，即获截交线的投影。

(4) 补全其他轮廓线，完成三视图，如图 3-6(e) 所示。

2. 回转体的截切

平面截切回转体时，截交线一般是由曲线或曲线加直线围成的平面图形。

求回转体截交线的方法及步骤如下：

(1) 分析回转体的形状以及截平面与回转体轴线的相对位置，以便确定截交线的形状，明确截交线的投影特性，如积聚性、类似性等。

(2) 画出截交线的投影。当截平面处于垂直回转体轴线位置截切时，产生的截交线总是圆，且该圆的直径尺寸等于截断面积聚线长度，这种截交线圆就是回转面上的纬圆。当交线的投影为直线时，则找出两个端点连成线段或根据一个端点和直线的方向画出。

当截交线的投影为非圆曲线时,其作图步骤为:
① 先找截交线上特殊点(如最高最低、最前最后、最左最右点,以及可见与不可见部分的分界点等)。
② 根据需要求出若干个一般点。
③ 判断交线的可见性,光滑连接各点。
④ 最后整理轮廓线,完成作图。

1) 圆柱体截交线

相对圆柱体轴线有三种截平面位置,产生三种不同形状的截交线,见表3-1。

表3-1 圆柱体截交线

截平面位置	平行于轴线	垂直于轴线	倾斜于轴线
截交线形状	矩　形	圆	椭　圆
立体图			
投影图			

【例3-4】 如图3-7(a)所示,完成圆柱切口的水平和侧面投影。

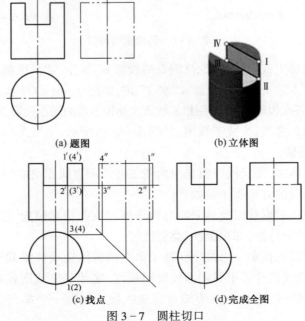

图3-7 圆柱切口

分析：圆柱上部被左右对称的两个侧平面和一个水平面截切。两侧平面平行于圆柱轴线，与圆柱面的交线为平行于圆柱轴线的铅垂线。水平面垂直于圆柱轴线，与圆柱面的交线为水平的两段圆弧，如图3-7(b)所示。

作图：

（1）根据三视图的投影规律，分别求出侧平面和水平面截切的投影，找出Ⅰ、Ⅱ、Ⅲ、Ⅳ四点的投影，如图3-7(c)所示。

（2）判断可见性，光滑连线，完成作图，如图3-7(d)所示。

【例3-5】 如图3-8(a)所示，作出斜切圆柱体的截交线，完成三视图。

分析：由于截平面与圆柱轴线倾斜，截交线为椭圆，如图3-8(b)所示。其正面投影积聚成直线，水平投影与圆柱面的投影重合，侧面投影可根据圆柱面上取点的方法求出。

作图：

（1）找特殊点Ⅰ、Ⅱ、Ⅲ、Ⅳ的投影，如图3-8(c)所示。

（2）作一般点Ⅴ、Ⅵ、Ⅶ、Ⅷ的投影。

（3）判断可见性，光滑连线，完成作图，如图3-8(d)所示。

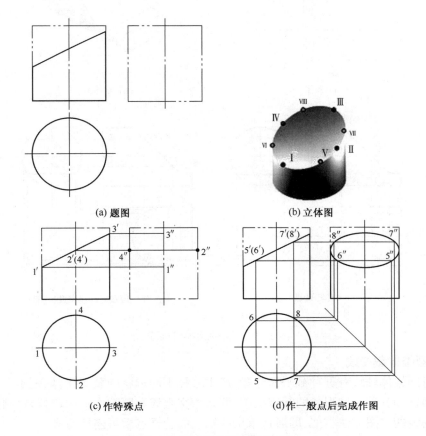

图3-8 斜切圆柱体的截交线

【例3-6】 如图3-9(a)所示，圆柱体被一个水平面和一个正垂面截切，完成截断体的水平投影。

分析：水平面截圆柱面截交线为两平行线段，截断面形状为矩形，此矩形的正面与侧面投影为直线，水平投影反映矩形实形。正垂面截圆柱面的截交线为椭圆弧，正面投影积聚成直线，侧面投影重合在圆周上，水平投影为椭圆弧的类似形，如图3－9(b)所示。

作图：

（1）先求出截交线上的特殊点的水平投影，如图3－9(c)所示1、2、3、4、5点。

（2）再求几个一般点的水平投影，如图3－9(d)所示6、7、8、9点。

（3）判断可见性，因被截的部分在圆柱体的上方，水平投影可见，所以光滑连接各点并加粗。整理轮廓线，完成作图。

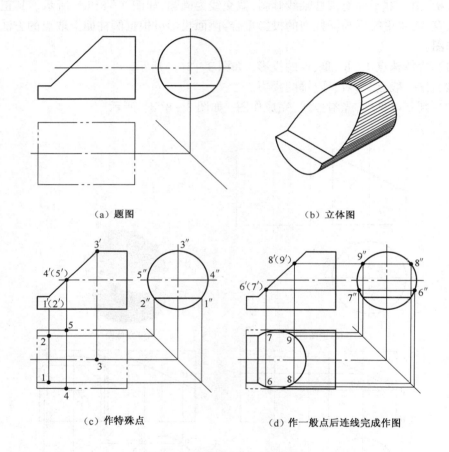

(a) 题图　　　　　　　　　　(b) 立体图

(c) 作特殊点　　　　　(d) 作一般点后连线完成作图

图3－9　圆柱被组合平面截切

2）圆锥体截交线

相对圆锥体轴线有五种截平面位置，产生五种不同形状的截交线，见表3－2。

在圆锥的五种不同形状的截交线中，两条相交直线和圆的作图比较容易。椭圆、双曲线和抛物线的作图方法类似，即通过求出曲线上的若干点后再连接而成。

【例3－7】　如图3－10(a)所示，完成截切圆锥的俯视图和左视图。

分析：两截平面中一个过锥顶截切圆锥，截交线为两条相交直线。另一截平面与圆锥轴线垂直，在圆锥表面上切出部分圆，如图3－10(b)所示。

表 3-2 圆锥体截交线

截平面的位置	过锥顶	不过锥顶			
		$\theta=90°$	$\theta>\alpha$	$\theta=\alpha$	$\theta<\alpha$
截交线的形状	相交两直线	圆	椭圆	抛物线	双曲线
立体图					
投影图					

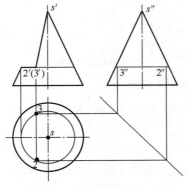

(a) 题图　　　　　　(b) 立体图　　　　　　(c) 作水平面的截交线

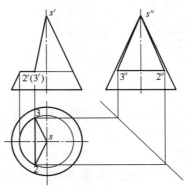

(d) 作正垂面的截交线　　　　　　(e) 连线完成全图

图 3-10　圆锥体上截交线的求解

作图：

(1) 作出垂直轴线的平面截切圆锥产生的截交线圆的投影，图 3-10(c) 中的 1′ 到轴线的距离即为该截交线圆的半径，在 H 面上画底圆的同心圆，截交线在侧面投影积聚为垂直轴线的直线。

(2) 作出过锥顶截切产生的截交线三角形的投影。在图 3-10(d) 中，两截断面交线端点 2、3 为截交线三角形的两角顶，另有一顶点为锥顶 s，该截交线在水平面的投影即为这三点的连线。

(3) 判断可见性，修改与加粗描深各图，如图 3-10(e) 所示。

【例 3-8】 如图 3-11(a) 所示，求正垂面与圆锥的截交线，完成三视图。

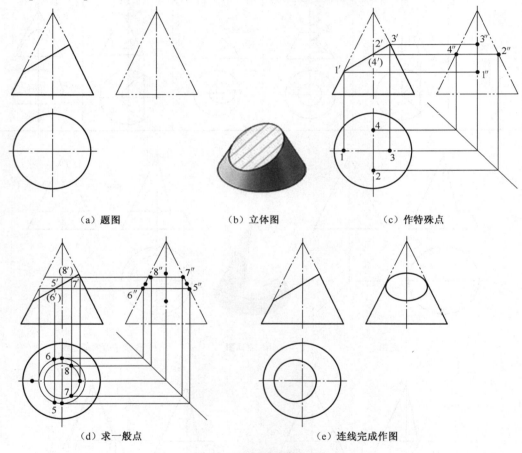

(a) 题图　　(b) 立体图　　(c) 作特殊点

(d) 求一般点　　(e) 连线完成作图

图 3-11　正垂面截切圆锥

分析： 截平面与圆锥轴线斜交，截交线为椭圆，如图 3-11(b) 所示。截交线的正面投影积聚为直线段，而其水平投影和侧面投影为椭圆的类似形，仍是椭圆。

作图：

(1) 作出特殊点 Ⅰ、Ⅱ、Ⅲ、Ⅳ 的投影，这四点是转向素线上的点，如图 3-11(c) 所示。

(2) 作出特殊点 Ⅴ、Ⅵ 的投影，Ⅰ、Ⅲ、Ⅴ、Ⅵ 是截交线椭圆长、短轴的端点，5′(6′) 位于 1′3′ 的中点；过 Ⅴ、Ⅵ 作水平纬圆，求其水平投影 5、6，并根据投影关系求出 5″、6″，如图 3-11(d) 所示。

(3) 采用纬圆法求一般点Ⅶ、Ⅷ 的投影,如图 3-11(d)所示。

(4) 判断可见性,光滑连接各点,如图 3-11(e)所示。在侧面投影上,椭圆应与圆锥的界限素线的投影相切于 2″、4″。

【例 3-9】 如图 3-12(a)所示,完成圆锥体被截切后的投影。

分析:截平面为正平面,截交线为双曲线,如图 3-12(b)所示。截交线的水平投影和侧面投影积聚为直线段,正面投影为双曲线并反映实形。

作图:

(1) 求出截交线上的特殊点Ⅰ、Ⅱ、Ⅲ 点的投影,如图 3-12(c)所示。

(2) 求出一般点Ⅳ、Ⅴ 点的投影,如图 3-12(d)所示。

(3) 判别可见性,光滑且顺次地连接各点,如图 3-12(e)所示。

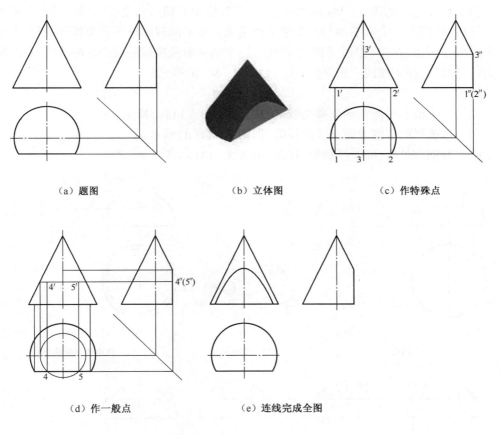

(a) 题图　　　　(b) 立体图　　　　(c) 作特殊点

(d) 作一般点　　　　(e) 连线完成全图

图 3-12　圆锥体被正平面截切

3) 圆球体截交线

不论截平面怎样截切球体,其截交线形状均为圆。由于截交线圆与投影面的相对位置不同,其投影可能为圆、椭圆或直线。当截交线的投影为直线或圆时,其作图比较方便,若为椭圆则需要通过在球体表面上找点的方法作图。如图 3-13 所示,球体截交线在所平行的投影面上的投影为反映实形的圆,且圆心与球心的投影重合,该实形圆直径尺寸对应另两投影图上积聚线的长度尺寸。

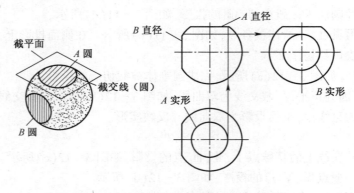

图 3-13 圆球上截交线圆的尺寸关系

【例 3-10】 如图 3-14(a)所示,已知半球体被截切后的主视图,补全俯、左视图。

分析:切槽由一个水平面和两个侧平面组成。水平面截圆球的截交线的投影,在俯视图上为部分圆弧,在左视图上积聚为直线。两个侧平面截圆球的截交线的投影,在左视图上为部分圆弧,在俯视图上积聚为直线,如图 3-14(b)所示。

作图:

(1) 先求出水平面截圆球截交线的投影,如图 3-14(c)所示。
(2) 求侧平面截圆球截交线的投影,如图 3-14(d)所示。
(3) 判别可见性,修改及加粗、描深,如图 3-14(e)所示。

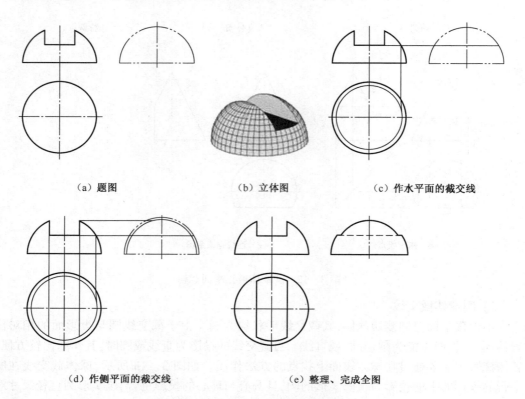

(a) 题图　　　　(b) 立体图　　　　(c) 作水平面的截交线

(d) 作侧平面的截交线　　　　(e) 整理、完成全图

图 3-14 球体上截交线的求解

4) 组合回转体的截交线

组合回转体是由具有公共轴线的若干回转体所组成的立体。作组合回转体截交线时，首先要确定该立体的各组成部分，以及每一部分被截切后所产生的截交线的形状。

如图 3-15 所示，为连杆头的截交线作图。

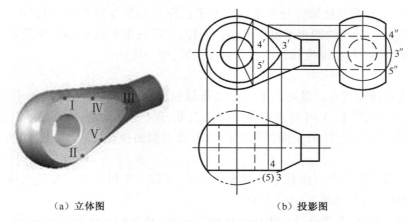

（a）立体图　　　　　　　　　　（b）投影图

图 3-15　共轴线回转体的截交线

该连杆头由圆球体、圆台和圆柱三部分组成，从俯视图可看出截平面只切到了球体和圆台。截平面切球体部分截交线为一圆弧，在圆台表面上切出一双曲线。由于截平面与正面平行，故两截交线在正平面上的投影均反映实形。

3.2　立体的相贯

两个基本体相交称为相贯体，其表面交线称为相贯线。本节主要介绍两回转体相交相贯线的作图方法。

因各基本体为回转体，相贯线具有以下两个基本性质：

（1）相贯线形状一般是封闭的空间曲线，特殊情况下是平面曲线或直线。

（2）相贯线是两基本体表面的共有线，也是两基本体表面的分界线，是一系列共有点的集合。

求相贯线的方法及步骤，和前面讲述的求回转体截交线的方法及步骤相似：根据立体或给出的投影，分析了解相交两回转面的形状、大小及其轴线的相对位置，判定相贯线的形状特点与投影特点，确定适当的作图方法。当交线的投影为非圆曲线时，则求出一系列共有点，然后判别可见性并光滑连线。

可见性的判别原则：只有在两个回转面都可见的范围内相交的那一段相贯线才是可见的，即位于立体可见表面上的相贯线其投影可见。

1. 利用积聚性表面取点法求相贯线

当相交的两回转面中，有一个是轴线垂直于投影面的圆柱面时，由于圆柱面在这个投影面上的投影（圆）具有积聚性，因此相贯线的这个投影就是已知的。这时，可以把相贯线看成另一回转面上的曲线，利用面上取点法作出相贯线的其余投影。

1) 两圆柱面相交

(1) 作图举例。

【例 3-11】 如图 3-16(a)所示,试求两圆柱轴线垂直相交相贯线的正面投影。

分析:两圆柱轴线垂直相交,相贯线为前后、左右对称的一条闭合空间曲线,如图 3-16(b)所示。由于两圆柱轴线分别垂直于水平投影面和侧立投影面,因此小圆柱的水平投影积聚为圆,与相贯线的水平投影重合。同样,大圆柱的侧面投影积聚为圆,相贯线的侧面投影是大圆柱与小圆柱共有部分的侧面投影,即一段圆弧。

作图:

① 先求特殊位置点。最高点Ⅰ、Ⅲ(也是最左、最右点,又是大圆柱与小圆柱轮廓线上的点)的正面投影 1′、3′可直接定出。最低点Ⅱ、Ⅳ(也是最前、最后点,又是侧面投影中小圆柱轮廓线上的点)的正面投影 2′(4′)可根据侧面投影 2″、4″求出,如图 3-16(c)所示。

② 求一般位置点。利用积聚性和投影关系,根据水平投影 5、6 和侧面投影 5″(6″),求出正面投影 5′、6′,如图 3-16(d)所示。

③ 判断可见性,光滑连线。因相贯体前后对称,相贯线的正面投影的前半部分与后半部分重合为一段曲线,前半部分可见,后半部分不可见,故按可见画。所以用粗实线按顺序光滑连接前面可见部分各点的投影即可,如图 3-16(d)所示。

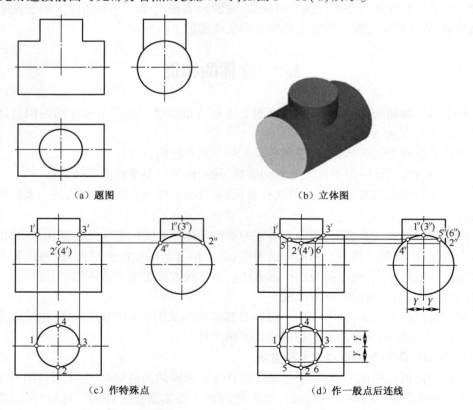

(a) 题图　　　　　　　　　　(b) 立体图

(c) 作特殊点　　　　　　　　(d) 作一般点后连线

图 3-16　利用积聚性表面取点法求相贯线

（2）近似画法。

如图 3-17(a) 所示，当正交两圆柱直径不相等，作图准确性要求不高时，为了作图方便，允许采用近似画法。即图形中的相贯线的正面投影用圆弧来代替，圆弧的圆心位于小圆柱轴线上，半径等于大圆柱半径，且通过两圆柱投影轮廓线的交点 1′、2′，弯曲方向凸向于大圆柱的轴线，如图 3-17(b) 所示。

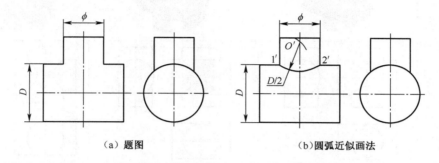

（a）题图　　　　　　　　　（b）圆弧近似画法

图 3-17　相贯线的近似画法

（3）三种基本形式。

两圆柱面相交有三种基本形式，可能是两外表面相交，也可能是一内表面和外表面相交，或者两内表面相交，见表 3-3，求相贯线的方法和思路是一样的。

表 3-3　两圆柱面相交（贯）的三种情况

两外表面相交	外表面与内表面相交	两内表面相交

（4）两轴线垂直相交圆柱直径变化时，相贯线的变化趋势。

如表 3-4 所示，当相贯的两圆柱直径不相等时，交线的弯曲方向趋向于大圆柱的轴线；当相贯的两圆柱直径相等，即公切于一圆球时，相贯线是相互垂直的两椭圆，且椭圆所在的平面垂直于两条轴线所确定的平面。

表 3-4 轴线垂直相交的两圆柱直径相对变化时对相贯线的影响

直径关系	水平圆柱较大	两圆柱直径相等	水平圆柱较小
交线特点	上、下两条空间曲线	两个互相垂直的椭圆	左、右两条空间曲线
立体图			
投影图			

2) 圆柱面与圆锥面相交

(1) 作图举例。

【例 3-12】 如图 3-18(a)所示,求轴线正交的圆柱与圆台的相贯线。

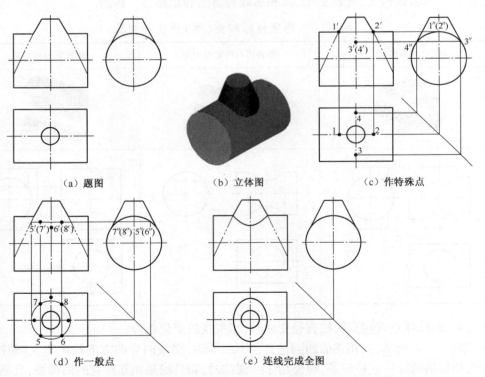

(a) 题图　　(b) 立体图　　(c) 作特殊点

(d) 作一般点　　(e) 连线完成全图

图 3-18　利用积聚性表面取点法求圆柱与圆台的相贯线

分析：由已知条件可知,圆柱与圆台轴线垂直相交,相贯线为前后、左右对称的封闭的空间曲线,如图3-18(b)所示。又由于圆柱轴线垂直于侧立投影面,因此相贯线的侧面投影已知,是一段圆弧,需要求出相贯线的其余两面投影。

作图:

① 先求特殊位置点。最高点Ⅰ、Ⅱ(也是最左、最右点,又是圆柱与圆台轮廓线上的点)的正面投影1′2′可直接定出。最低点Ⅲ、Ⅳ(也是最前、最后点,又是侧面投影中圆台最前、最后轮廓线与圆柱面侧面投影圆的交点)的正面投影3′(4′)可根据侧面投影3″、4″求出,如图3-18(c)所示。

② 求一般位置点。利用积聚性和投影关系,根据侧面投影5″(6″)、7″(8″),可求出水平投影5、6、7、8和正面投影5′(7′)、6′(8′),如图3-18(d)所示。

③ 判断可见性,通过各点光滑连线。相贯线的正面投影前后重合为一段曲线,相贯线的水平投影均为可见,连成的相贯线如图3-18(e)所示。

(2) 圆柱直径改变时,相贯线的变化趋势。

圆锥的大小不变,圆柱、圆锥相对位置不变,改变圆柱直径时,相贯线的变化情况见表3-5。

表3-5 圆柱与圆锥面轴线垂直相交时的三种相贯关系

圆柱贯穿圆锥	公切于球	圆锥贯穿圆柱

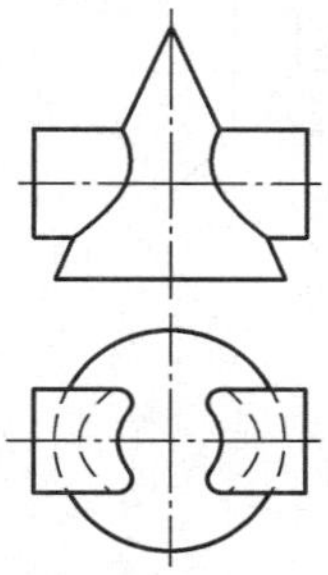

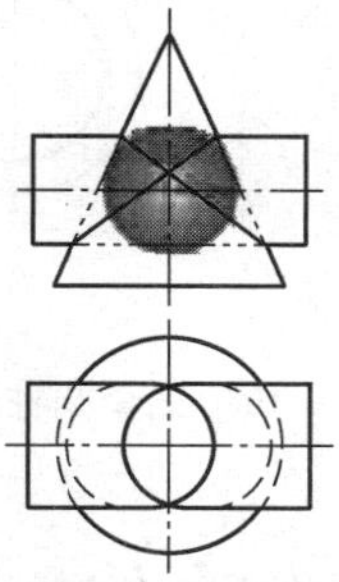

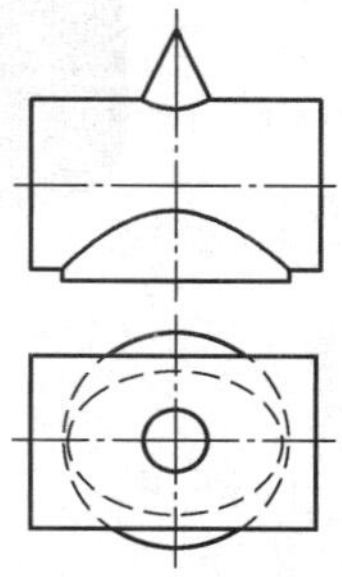

2. 共轴线的回转体相交

当两回转体相交,且具有公共轴线时,相贯线为垂直于公共轴线的圆,见表3-6。

3. 综合相贯

若干立体相交构成一形体的情况即为综合相贯。其相贯线由多条空间曲线(或平面曲线)构成。虽然有多个回转体参与相贯,但在局部上看,其相贯线总是由立体两两相交产生的。

处理综合相贯线,关键在于分清参与相贯的多体都是由哪些基本回转体组合而成的,以及它们的分界在什么位置。在分界的不同侧,按照两立体相贯来求相贯线。

表 3-6　共轴线回转体的相贯线

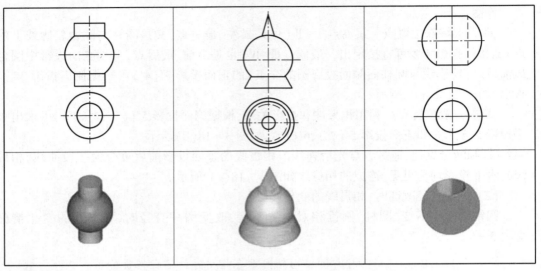

图 3-19 所示为三个圆柱体相交及其相贯线的画法。

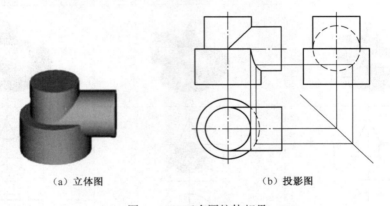

（a）立体图　　　　　　　　（b）投影图

图 3-19　三个圆柱体相贯

3.3　组合体及其视图

1. 组合体的分析与构型方式

在对组合体进行绘图、看图和标注尺寸的过程中，通常假想把组合体分解成若干基本部分，分析各基本部分的形状、相对位置、组成方式以及表面连接关系，这种把复杂形体分解成若干简单形体的分析方法，称为形体分析法。

图 3-20 所示的轴承盖，是由具有圆柱通孔的形体Ⅰ、Ⅱ、Ⅲ和经过切割凹槽后穿一小圆柱孔的形体Ⅳ，经过叠加组合而成的一种组合体。

1) 组合体的组成方式

组合体的组成方式主要有叠加、挖切两种基本形式，而常见的组合体是这两种方式的综合。

(1) 叠加型:若干个基本体按一定方式"加"在一起的组合体,是布尔运算中的并集,如图 3-21(a)所示。

(2) 挖切型:从一个基本体中"减"去一些小基本几何体的组合体,是布尔运算的差集,如图 3-21(b)所示。

(3) 综合型:既有叠加又有挖切的组合体,如图 3-21(c)所示。

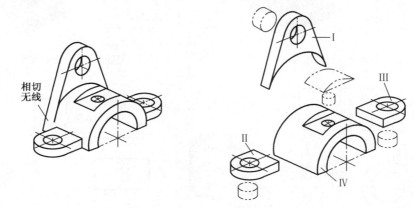

图 3-20 组合体的形体分析

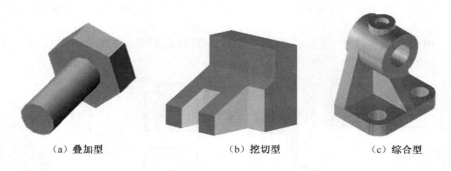

(a) 叠加型　　　　　(b) 挖切型　　　　　(c) 综合型

图 3-21 组合体的组成方式

2) 组合体中相邻形体表面间的连接关系

当构成组合体的各基本体处于不同组合方式时,其相邻两个表面会出现平齐、相错、相切、相交四种情况。

(1) 平齐。组合体中,当相邻两个基本形体的某些表面平齐时,说明两立体的这些表面共面,共面的表面在视图中没有线,如图 3-22 所示。

(2) 相错。组合体中,当相邻两个基本形体的某些表面不平齐而相错时,相错的两表面结合处应画出两个表面的分界线,如图 3-23 所示。

(3) 相切。组合体中,当相邻两个基本形体的某些表面以相切的关系光滑连接时,相切处不应该画线,如图 3-24 所示。

特殊情况:如果两个曲面相切,且它们的公切面垂直于投影面,那么在该投影面上的投影应画出切线,在其他投影面上的投影按原规定画出。如图 3-25 所示,两个圆柱表面的公切面垂直于水平投影面,因此在水平投影面上的投影需要画出切线的投影,而在左视图中就不必画出。

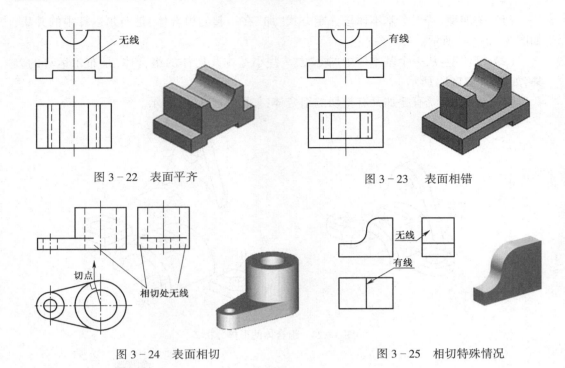

图 3-22 表面平齐　　　　图 3-23 表面相错

图 3-24 表面相切　　　　图 3-25 相切特殊情况

（4）相交。组合体中,当相邻两个基本形体的表面相交时,在相交处应画出交线,如图 3-26 和图 3-27 所示。

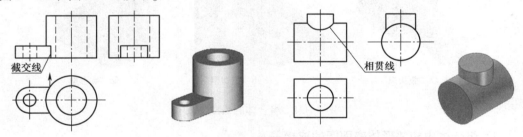

图 3-26 平面与曲面相交　　　　图 3-27 曲面与曲面相交

2. 画组合体视图

画组合体视图时,应先对组合体进行形体分析,选择好投影方向,然后逐步画图。

1）叠加型组合体的画法

（1）形体分析。

如图 3-28 所示,轴承座可拆分为底座Ⅰ、水平圆筒Ⅱ、支撑板Ⅲ、肋板Ⅳ和圆台Ⅴ。底座Ⅰ与支撑板Ⅲ的后表面平齐（共面）;水平圆筒Ⅱ与肋板Ⅳ相交;水平圆筒Ⅱ与支撑板Ⅲ的两个斜面相切;水平圆筒Ⅱ和圆台Ⅴ内外相贯。

主视图是三个视图中的主要图形,一般选择能全面地反映组合体形状特征及各几何体位置关系的方向作为主视图投影方向。

（2）选择主视图。

组合体一般应选取自然安放位置,并尽量将较多的表面放成与投影面平行或垂直。

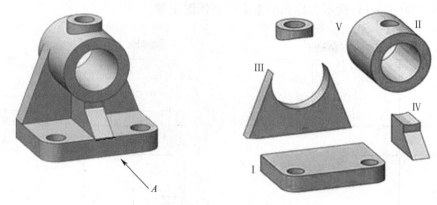

图 3 – 28　轴承座的形体分析

轴承座 A 向投影能清晰地反映主要基本体（轴承座底座Ⅰ、水平圆筒Ⅱ、支撑板Ⅲ）的形状特征和相对位置关系，而且该视图中出现的虚线较其他向视图少。所以应选择 A 方向作为主视图的投影方向。

(3) 选比例、定图幅。

画图时，尽量采用 1∶1 的比例。根据形体长、宽、高尺寸算出三个视图所占范围，并加上视图之间留有的适当间距（如留作注写尺寸等），以及画标题栏占用范围，估算出所需画图面积，从制图国家标准中选用合适的图幅。

(4) 画图。

① 布图。用中心线或主要轮廓线定位，布置好三个视图位置。视图间距要均匀适当，留出尺寸标注的位置。由于轴承座左右不对称，故以右端面为长度方向的作图基准，前后对称平面为宽度方向的作图基准，底面为高度方向的作图基准。

② 画底稿。先画主要部分，再画次要部分。先画可见的，后画不可见的；先画圆和圆弧，后画直线。画每个形体时，先画特征视图，再画其他视图，应符合三视图投影规律，三个视图配合进行。要注意每个基本体视图位置以及表面连接处的图线。

(5) 检查、描深。

画底稿后，要对照组合体实物或轴测图进行仔细检查，修改细节，擦除多余图线。然后，按国家标准规定线型的宽度描深图线，轴承座的画图步骤如图 3 – 29 所示。

2) 挖切型组合体的画法

(1) 形体分析。

图 3 – 30 所示的导向块为一挖切型组合体。它可以看成是一个长方体Ⅰ在它的左边，先切去一个四棱台Ⅱ，再在下方切去两个四棱台Ⅲ、Ⅳ，最后在左右方向穿通了一个圆柱孔Ⅴ。

(2) 画图步骤。

对以挖切型为主的组合体，一般先画出挖切前基本几何体的三面投影，再按挖切顺序依次画出切去每一部分后的三面投影。

对于难以表达的部分，可在形体分析法的基础上进行线面分析，先画出截平面有积聚性的投影，再利用其他两个投影应该具有类似性的原理进行投影作图。

图 3–31(a)~(f)所示为挖切型组合体的作图步骤。

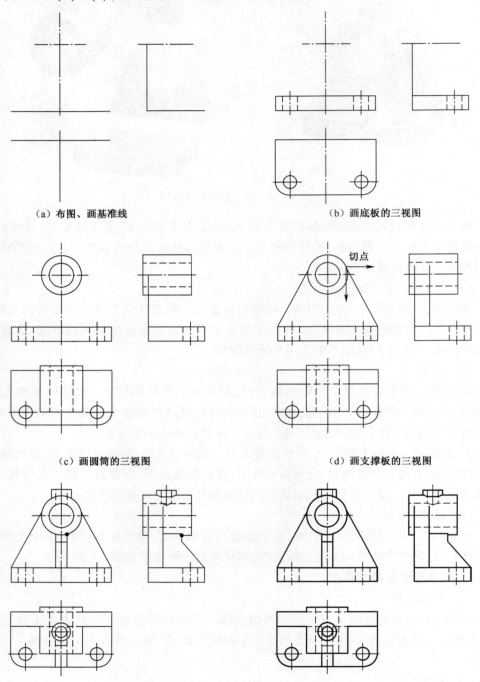

(a) 布图、画基准线　　　　(b) 画底板的三视图

(c) 画圆筒的三视图　　　　(d) 画支撑板的三视图

(e) 画凸台与肋板的三视图　　(f) 检查、加深

图 3–29　叠加型组合体的画图步骤

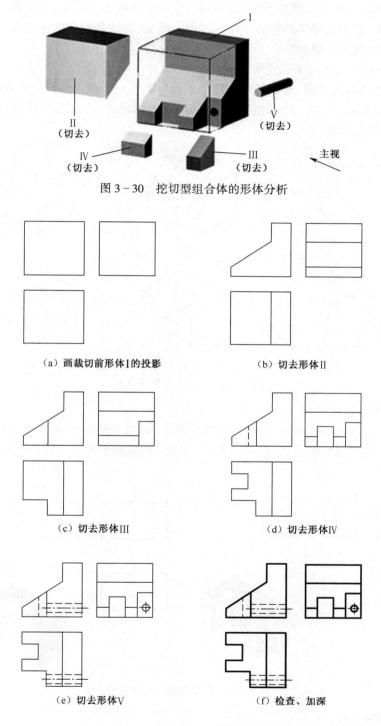

图 3-30 挖切型组合体的形体分析

（a）画裁切前形体Ⅰ的投影　　（b）切去形体Ⅱ

（c）切去形体Ⅲ　　（d）切去形体Ⅳ

（e）切去形体Ⅴ　　（f）检查、加深

图 3-31 挖切型组合体的画图步骤

3. 看组合体的视图

画组合体的视图是运用正投影原理，将空间三维实体变成二维平面图形的过程。而看图则是根据已给出的二维投影图,运用形体分析法和线面分析法,确定各组成部分的形状和相互位置,想象出物体的空间形状的过程。因此,看图是画图的逆过程。

1) 看图的基本要领。

(1) 几个视图联系起来识别形体。

一个视图具有多义性,难以确定物体的形状。图3-32所示的五个立体图形,虽然它们的主视图(见图3-32(a))都相同,但空间形状差别很大。因此,在看图时应把几个视图联系起来进行投影分析。

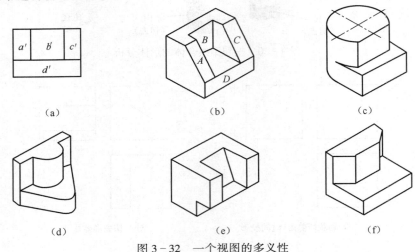

图3-32 一个视图的多义性

(2) 把握特征视图。

有时两个视图也不能唯一地表达物体的形体,即两视图的不确定性。如图3-33所示,主视图和左视图均相同,但俯视图不同。因此,把握俯视图这个特征视图,才能正确想象物体的形状。

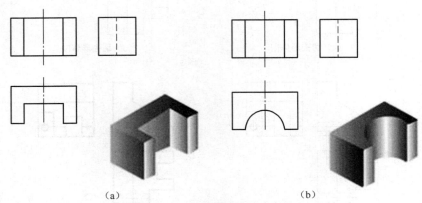

图3-33 两个视图的不确定性

2) 看图的方法

(1) 形体分析法。

形体分析法是看图的最基本方法。首先从正面投影入手划分出代表基本体的封闭线框,再按照三视图的投影规律,找出每个线框的其他投影,想象出其形状,最后根据各部分的组合形式和相对位置综合想象出组合体完整的形状。

下面以支座为例,说明用形体分析法看图的基本方法与步骤,如图 3-34 所示。

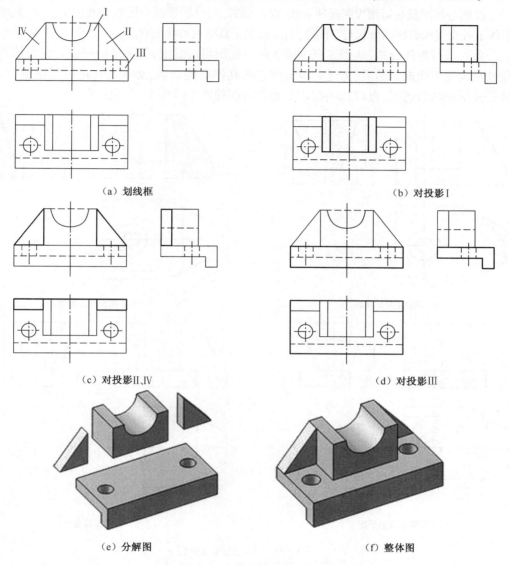

图 3-34 支座的形体分析

① 看主视图划分线框。从主视图可以看出该形体为叠加为主的组合体。将主视图划分为 Ⅰ、Ⅱ、Ⅲ、Ⅳ四部分线框,如图 3-34(a)所示。

② 对投影想形体。根据投影规律,从线框 Ⅰ、Ⅱ、Ⅲ、Ⅳ,找出对应的其他两面投影,想象出形体。

形体 Ⅰ:为上部挖去了一个半圆槽的长方体,如图 3-34(b)所示。

形体 Ⅱ、Ⅳ:是左右对称的三棱柱,如图 3-34(c)所示。

形体 Ⅲ:为后部挖块的长方体,左右对称钻一小圆孔,如图 3-34(d)所示。

③ 综合起来想整体。从前面分析可知形体 Ⅰ、Ⅱ、Ⅲ、Ⅳ如图 3-34(e)所示。综合

想象其形体如图 3-34(f) 所示。

(2) 线面分析法。

线面分析法就是运用投影规律和线、面投影特点,分析视图中图线和线框的含义,判断该形体上各交线和表面的形状与空间位置,从而确定其空间形状的方法。

首先进行形体分析,从图 3-35 所示的三视图可以看出,压块是由一个完整的长方体经过几次挖切而成。然后,为进一步了解它的具体结构形状,必须对其进行线面分析,根据三视图的缺口情况,可以找到挖切平面所对应的四个线框 Ⅰ、Ⅱ、Ⅲ、Ⅳ。

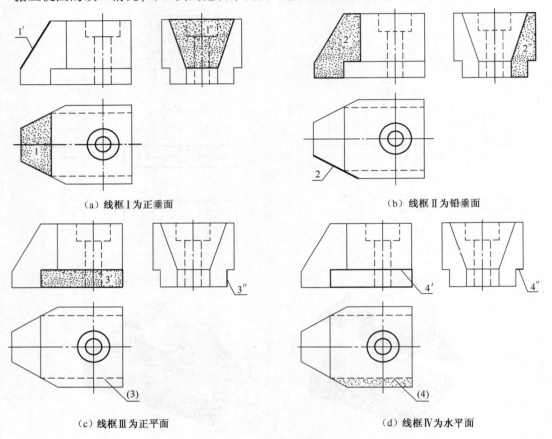

图 3-35　压块的线面分析

通过对压块整体及线面的投影关系所作的分析,想象出压块的完整形状。即这是长方体先后被正垂面切去左上角,被铅垂面在左端前、后对称地切去了两个角,被正平面和水平面前、后对称切去了两个小四棱柱,再在压块的中部由上至下钻了一个阶梯孔,如图 3-36 所示。

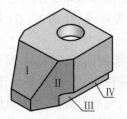

图 3-36　压块的立体图

3.4 组合体的尺寸标注

组合体的视图只能反映它的形状、结构,各形体真实的大小及其相对位置,则要通过标注尺寸来决定,它与作图比例、作图误差没有关系。组合体是由若干个基本几何体按一定组合方式组合在一起的,因此要掌握组合体的尺寸标注,必须首先熟悉和掌握基本几何体的尺寸标注。

1. 基本几何体的尺寸标注

1) 平面立体的尺寸标注

图 3-37 为常见平面立体的尺寸注法。

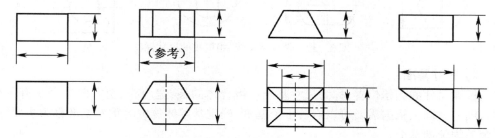

图 3-37 平面立体的尺寸标注

2) 曲面立体的尺寸标注

图 3-38 为常见曲面立体的尺寸注法。

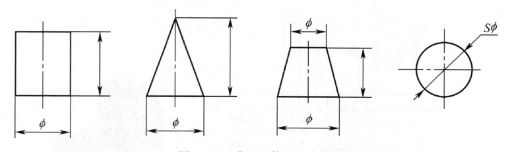

图 3-38 曲面立体的尺寸标注

2. 带有截交线、相贯线立体的尺寸标注

基本几何体被截切,截交线的形状取决于立体的形状、大小以及截平面与立体的相对位置。因此标注被截切的立体尺寸时,只需标注立体的大小和形状尺寸以及截平面的相对位置尺寸,不能标注截交线的尺寸。

同理,标注相贯体尺寸时,只需标注参与相贯的各立体的大小和形状尺寸及其相互间的相对位置,不能标注相贯线的尺寸,如图 3-39 所示。

3. 组合体的尺寸标注

1) 基本要求

组合体尺寸标注的基本要求是:正确、完整、清晰。

正确——尺寸标注应当符合国家标准的基本规定。

完整——所注尺寸可以唯一地确定物体的形状大小以及各组成部分的相对位置，尺寸既无遗漏，也不重复或多余，且每一个结构尺寸在图中只标注一次。

清晰——尺寸的布置应当清晰明了，便于看图。

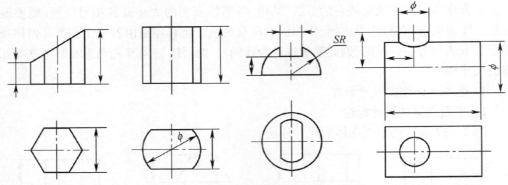

图 3-39　带有截交线、相贯线的尺寸标注

2) 尺寸基准

标注尺寸的起始位置，称为尺寸基准。组合体的长、宽、高三个方向上至少有一个基准。同一方向上根据需要可以有若干个基准，确定基本体位置的重要基准称为主要基准，其余的为辅助基准。

尺寸基准一般为组合体上的轴线、对称面、面积较大的侧面（或底面）。如图 3-40 所示组合体的高度方向（Z 向）的主要尺寸基准选定为底面，长度方向（X 向）的主要尺寸基准选定为组合体的对称平面，宽度方向（Y 向）的主要尺寸基准选定为后侧面。

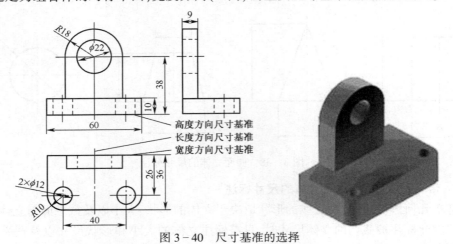

图 3-40　尺寸基准的选择

3) 组合体的尺寸分类

组合体尺寸按其属性分为两类：定形尺寸、定位尺寸。

（1）定形尺寸：确定各基本几何体形状大小的尺寸（长、宽、高），如图 3-40 中的 9、10、60、36、直径、半径等尺寸都是定形尺寸。

（2）定位尺寸：确定各基本几何体相对位置的尺寸，如图 3-40 中的 26、38、40。

总体尺寸是指组合体总长、总宽、总高，一般也要求标注。但当组合体在某个方向上的端部为回转面时,总体尺寸已由"中心距加半径"确定,则该方向上不再标注总体尺寸。如图 3-40 中的总高尺寸为 38+18=56,总长、总宽尺寸分别为 60、36(也是定形尺寸)。

4. 组合体尺寸标注综合举例

标注组合体尺寸的基本方法是形体分析法。即先将组合体分解为若干基本形体,逐个地标注出这些基本体的定位尺寸和定形尺寸,最后考虑总体尺寸,并对已标注的尺寸进行必要的调整。下面以轴承座为例,介绍组合体尺寸标注的方法和步骤。

(1) 形体分析。如图 3-41 所示,该组合体由带圆角的长方体底板(上面挖孔)、圆筒、支撑板、肋板、圆台组成。

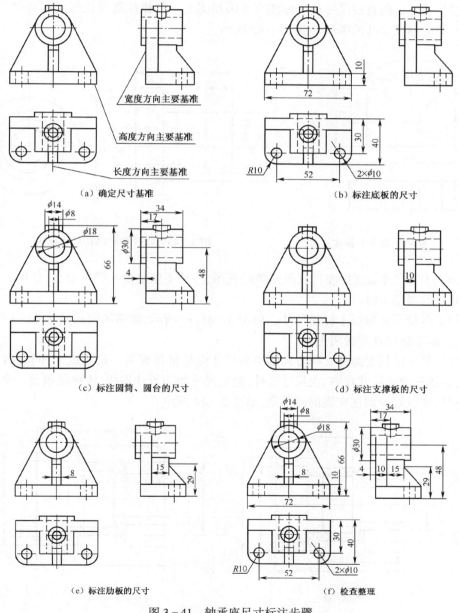

图 3-41 轴承座尺寸标注步骤

(2) 选择尺寸基准。选择左右对称面作为长度方向的尺寸基准,底板的后端面作为宽度方向的尺寸基准,底板的下底面为高度方向的尺寸基准,如图 3-41(a)所示。

(3) 逐个注出各基本几何体的定形尺寸和定位尺寸,如图 3-41(b)~(e)所示。

(4) 检查总体尺寸,修改整理,如图 3-41(f)所示。

5. 尺寸标注的注意事项

(1) 尺寸应尽量标注在视图的外面,同一形体的尺寸应尽量集中标注,以便于看图和查找尺寸。如图 3-41(b)所示,底板的尺寸集中标注在主、俯视图上。

(2) 尺寸尽可能标注在反映形状特征最明显的视图上,如图 3-42 所示。

(3) 回转体的直径尺寸最好标注在非圆视图上。在标注阶梯孔深度尺寸时,为便于测量一般应标注大孔的深度,如图 3-43 所示。

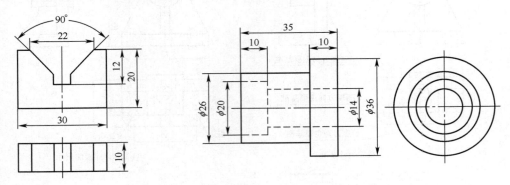

图 3-42 在特征视图上标注尺寸　　　　图 3-43 直径和阶梯孔尺寸标注

(4) 半径尺寸必须标注在反映圆弧的视图上,且不能注出半径的个数,如图 3-41(b)所示底板的圆角 $R10$。

(5) 尽量不在虚线上标注尺寸。如图 3-41(c)所示,圆筒的内孔尺寸 $\phi18$ 标注在主视图上,而不标注在左视图上。

(6) 尺寸排列要整齐。同方向的串列尺寸应尽量排列在一条直线上,同方向的平行尺寸,应尽量使小尺寸在内,大尺寸在外,避免尺寸线与尺寸界线、轮廓线相交。内形尺寸与外形尺寸最好分别注在视图的两侧,如图 3-44 所示。

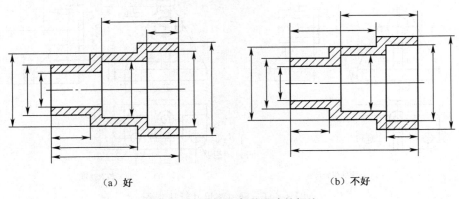

(a) 好　　　　　　　　　　　　　　(b) 不好

图 3-44 平行和串联尺寸的标注

3.5 立体的构型设计

根据已知条件构思立体的形状、大小并表达成图形的过程称为立体的构型设计。在设计图学中研究立体构型,主要是根据一个视图的多义性、两个视图的不确定性来展开想象,从而构思空间形体。同时这种自主想象、构思立体形状的方法也是一种提高看图和空间想象能力的有效方法。

同时,构型设计要求所设计的形体在满足给定的功能条件下,造型应新颖美观。

1. 构型设计的基本方法

构型设计,实际上是把单一的基本形体进行挖切、叠加或综合来构成新的整体形状。所以,单一的基本形体是构型的基础。

1) 根据一个视图,设计构思不同的形体

如图 3-45(a)所示,根据给出的主视图,可以构思出几种不同结构的组合体,这几种组合体可以看作是在四棱柱的基础上挖切或叠加其他基本形体而成,如图 3-45 所示。

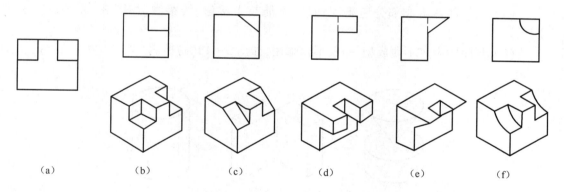

图 3-45 对应一个视图的多种形体构思

若以图 3-46(a)所示为俯视图,构思空间形体,我们可以想象出如图 3-46(b)~(e)所示几种不同结构的形体。

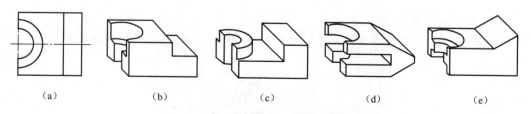

图 3-46 对应一个视图的多种形体构思

2) 根据两个视图,设计构思不同的形体

如图 3-47(a)所示,根据给出的主、俯视图不能唯一地确定组合体的形状,也就是可以构思出两种以上的形状,所以在补画第三视图时有较广阔的想象空间;图 3-47(b)、(c)、(d)、(e)为其中四种不同的左视图及其表达的形体。

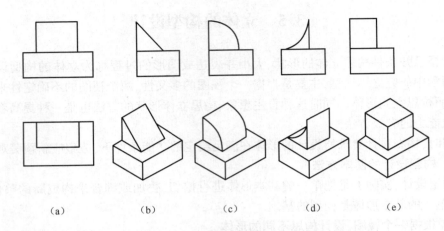

图 3-47 对应两个视图的多种形体构思

2. 构型设计应注意的问题

(1) 组合体各组成部分应牢固连接,不能是点接触、线接触,如图 3-48(a)、(b) 所示。

(2) 封闭的内腔不便成型,一般不要采用,如图 3-48(c) 所示。

(a) 点连接　　　　(b) 线连接　　　　(c) 封闭内腔

图 3-48 错误的形体组合

3. 构型设计实例

【例 3-13】 根据图 3-49 给定的俯视图,想象多种不同形体,补画主视图。

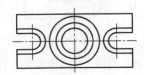

图 3-49 组合体的俯视图

构思新形体可以在规定基本形体的种类、数目及组合、连接方式的基础上进行,也可以不限定任何条件,自由构型,这样思路更加开阔。这种根据一个视图补其他视图的练习是较简单的构型设计,可以想象很多形体,图 3-50 所示为其中的两例。

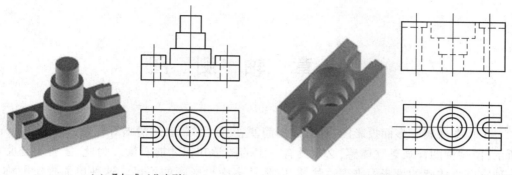

（a）叠加式（凸出型）　　　　　　　　　（b）挖切式（凹陷型）

图 3-50　由相同的俯视图，构思出的不同形体

【例 3-14】 根据图 3-51 为给出的主、俯视图，想象多种不同形体，补画左视图。

根据给出的主、俯视图，可以通过基本形体和它们之间组合方式及位置的变化而构思出不同的形状。图 3-52 所示为其中的三种不同的左视图及其表达的组合体形状。

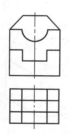

图 3-51　组合体的主、俯视图

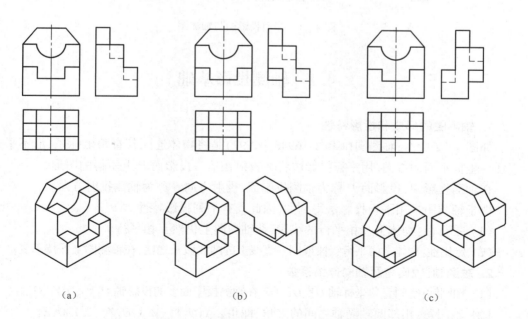

（a）　　　　　　　　　（b）　　　　　　　　　（c）

图 3-52　由相同的主、俯视图，构思出不同形体的投影图与立体图

第 4 章 轴 测 图

工程图样属于多面投影图,具有作图简便、度量性好、表达清晰等优点,如图 4-1(a)所示,但这种图样缺乏立体感,必须具有一定的图学知识才能看懂。为此,工程上还常用一种富有立体感的投影图来表达物体,以弥补多面投影图的不足。这种单面投影图称为轴测图。

轴测图能同时反映物体长、宽、高三个方向的尺度,富有立体感,如图 4-1(b)、(c)所示。但这种图样难以真实表达形体的尺寸与形状。因此,在工程上常用来作为辅助图样,也可用作表达设计创意的手段之一。图 4-1(d)为用三维软件建造的实体模型。

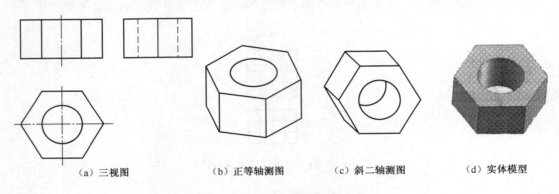

(a) 三视图　　　　(b) 正等轴测图　　　　(c) 斜二轴测图　　　　(d) 实体模型

图 4-1　多面投影图与轴测图

4.1　轴测投影基础

1. 轴测图的形成和投影特性

如图 4-2 所示,轴测图(GB/T 16948—1997)是将物体连同其直角坐标系,沿不平行于任一坐标平面的方向,用平行投影法将其投射在单一投影面 P 上所得的图形。

在轴测投影中,投影面 P 称为轴测投影面,投射方向 S 称为轴测投射方向。

由于轴测图是用平行投影法得到的,因此具有下列投影特性。

(1) 平行性:物体上互相平行的线段,在轴测图上仍然互相平行。

(2) 定比性:物体上两平行线段或同一直线上的两线段长之比,在轴测图上保持不变。

2. 轴测轴、轴间角及轴向伸缩系数

(1) 轴测轴:空间直角坐标轴 OX、OY、OZ 在轴测投影面上的投影轴 O_1X_1、O_1Y_1、O_1Z_1。

(2) 轴间角:相邻两轴测轴之间的夹角,即角 $\angle X_1O_1Y_1$、$\angle X_1O_1Z_1$、$\angle Y_1O_1Z_1$。

(3) 轴向伸缩系数:轴测轴上单位长度与相应空间直角坐标上单位长度之比。

X、Y、Z 轴的轴向伸缩系数分别用 p、q、r 表示，$p = O_1C_1/OC, q = O_1G_1/OG, r = O_1H_1/OH$，如图 4-2 所示。

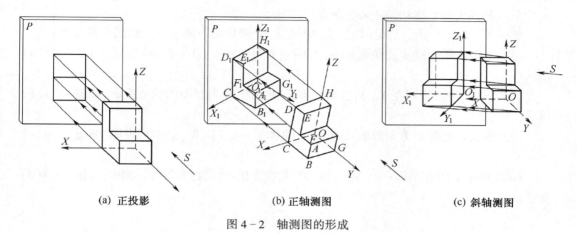

(a) 正投影　　　　　　　(b) 正轴测图　　　　　　　(c) 斜轴测图

图 4-2　轴测图的形成

3. 轴测图的分类
根据投射方向与轴测投影面是否垂直，可将轴测图分为两类。

1) 正轴测图
投射方向与轴测投影面垂直，即用正投影法得到的轴测图，如图 4-2(b) 所示。

2) 斜轴测图
投射方向与轴测投影面倾斜，即用斜投影法得到的轴测图，如图 4-2(c) 所示。

在上述两类轴测图中，根据轴向伸缩系数的不同，每类又可分三种。

（1）正（或斜）等轴测图。三个轴向伸缩系数都相等的轴测图，即 $p=q=r$。

（2）正（或斜）二轴测图。有两个轴向伸缩系数相等的轴测图，即 $p=q\ne r$，或 $p=r\ne q$，或 $p\ne r=q$。

（3）正（或斜）三轴测图。三个轴向伸缩系数均不相等的轴测图，即 $p\ne r\ne q$。

在工程上用得较多的是正等轴测图和斜二轴测图，本章主要介绍正等轴测图和斜二轴测图的画法。

4.2　正等轴测图及画法

1. 轴间角和轴向伸缩系数
如图 4-3 所示，正等轴测图的三个轴间角相等，均为 120°，规定 Z 轴是铅垂方向，根据理论计算，其轴向伸缩系数 $p=q=r\approx 0.82$，为了作图简便，采用 $p=q=r=1$，这样沿轴向的尺寸就可以直接量取物体实长，但画出的正等轴测图比原投影放大 $1/0.82\approx 1.22$ 倍。

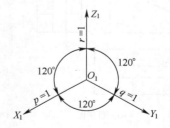

图 4-3　正等轴测图的轴间角和轴向伸缩系数

2. 正等轴测图的画法
1) 坐标法（基本方法）
所谓坐标法就是根据立体表面上每个点（或顶点）的

坐标,画出它们的轴测投影,然后连成立体表面的轮廓线,从而获得立体轴测投影的方法。注意轴测图中不可见的线一律不画。

下面举例说明坐标法画正等轴测图的方法。

如图4-4(a)所示,已知压块的主、俯视图,求作其正等轴测图。画图步骤如下:

(1) 在两视图上确定直角坐标系,并确定曲面上各点(Ⅰ~Ⅳ)的坐标,如图4-4(a)所示。

(2) 画轴测轴,分别在 X_1、Y_1 方向截取长度 A、B,作出底面的轴测投影,如图4-4(b)所示。

(3) 根据高度在 Z_1 方向截取各点,作出曲面上各点(Ⅰ~Ⅳ)的轴测投影,如图4-4(c)所示。

(4) 由平行性作出后面各点,最后用光滑曲线连接,整理得其正等轴测图,如图4-4(d)所示。

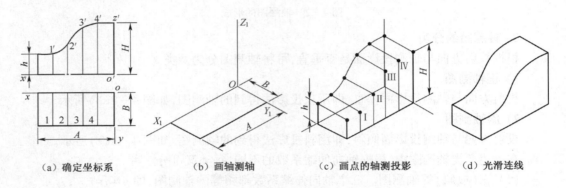

(a) 确定坐标系　　　(b) 画轴测轴　　　(c) 画点的轴测投影　　　(d) 光滑连线

图4-4　坐标法画"压块"正等轴测图

2) 切割法

切割法是对于某些以切割为主的立体,可先画出其切割前的完整形体,再按形体形成的过程逐一切割而得到立体轴测图的方法。

图4-5(a)所示为立体的投影图,以切割法作出立体的正等轴测图。

其作图步骤是先画长方体,然后逐步切割形体作图,如图4-5(b)~(d)所示过程。

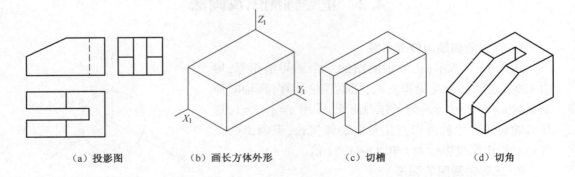

(a) 投影图　　　(b) 画长方体外形　　　(c) 切槽　　　(d) 切角

图4-5　切割法作正等轴测图

3) 叠加法

叠加法是对于某些以叠加为主的立体,可按形体形成的过程逐一叠加从而得到立体轴测图的方法。如图 4-6(a)所示为立体的投影图,以叠加法作出其形体的正等轴测图。

作图步骤是先画长方体底板,再加切角立板,然后加上三角形斜块,如图 4-6(b)~(d)所示。

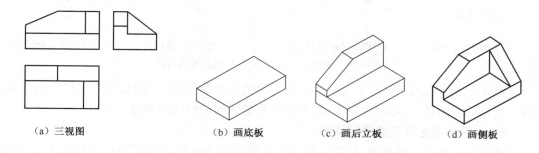

(a) 三视图　　　　(b) 画底板　　　　(c) 画后立板　　　　(d) 画侧板

图 4-6　叠加法作正等轴测图

实际上,大多数立体既有切割又有叠加,在具体作图时切割法和叠加法总是交叉并用。

在两视图上确定的坐标原点与直角坐标系不同,其轴测图的表现形式也不同,因为改变了形体方位,如图 4-7 所示。从图 4-7 中可见,不同视觉方位下的轴测图其表现形态是不同的,其中,图 4-7(b)明显优于图 4-7(c)、(d)、(e),更能清晰地表现形体结构。所以,在轴测图的画法中,视觉方位的选择也是非常重要的。

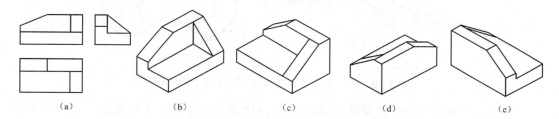

(a)　　　　(b)　　　　(c)　　　　(d)　　　　(e)

图 4-7　不同视觉方位下的轴测图形态

3. 回转体的正等轴测图

作回转体的正等轴测图,关键在于画出立体表面上圆的轴测投影。

1) 平行于坐标面圆的正等轴测投影

圆的正等轴测投影为椭圆,该椭圆常采用菱形四心法近似画法,即用四段圆弧近似代替椭圆弧,不论圆平行于哪个投影面,其轴测投影的画法均相同,图 4-8 表示直径为 d 的水平圆正等轴测投影的画法。作图步骤如下:

(1) 先确定原点与坐标轴,并作圆的外切正方形,切点为 a、b、c、d,如图 4-8(a)所示。

(2) 作轴测轴和切点 A_1、B_1、C_1、D_1,通过切点作外切正方形的轴测投影,即得菱形,菱形的对角线即为椭圆的长、短轴位置,如图 4-8(b)所示。

(3) 过 A_1、B_1、C_1、D_1 作各边垂直线,得圆心 O_1、O_2、O_3、O_4,如图 4-8(c)所示。

(4) 以 O_1、O_3 为圆心,O_1A_1 为半径,作大圆弧 A_1D_1、C_1B_1;再以 O_2、O_4 为圆心,O_2A_1 为

半径,作小圆弧 A_1B_1、C_1D_1,连成近似椭圆,如图 4-8(d)所示。

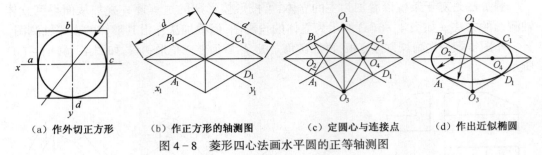

(a) 作外切正方形　　(b) 作正方形的轴测图　　(c) 定圆心与连接点　　(d) 作出近似椭圆

图 4-8　菱形四心法画水平圆的正等轴测图

图 4-9(a)画出了平行于三个坐标面上圆的正等轴测图,它们都可用菱形四心法画出。只是椭圆的长、短轴的方向不同,并且三个椭圆的长轴构成等边三角形。

2) 回转体的正等轴测图的画法

画回转体的正等轴测图,只要先画出底面和顶面圆的正等轴测图——椭圆,然后作出轮廓线即两椭圆的公切线即可。图 4-9(b)为平行于三个坐标面的圆柱的正等轴测图。

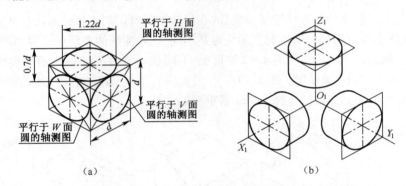

(a)　　　　　　　　　　　　　(b)

图 4-9　平行于三坐标面的圆与圆柱的正等轴测图

如图 4-10(a)所示,已知切割圆柱的主、俯视图,作出其正等轴测图。其作图步骤如下。

(1) 选坐标系,原点选定为顶圆的圆心,XOY 坐标面与上顶圆重合,如图 4-10(a)所示。

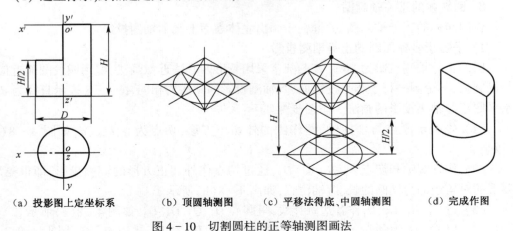

(a) 投影图上定坐标系　　(b) 顶圆轴测图　　(c) 平移法得底、中圆轴测图　　(d) 完成作图

图 4-10　切割圆柱的正等轴测图画法

(2) 用菱形四心法画出顶圆的轴测投影——椭圆,将该椭圆沿 Z 轴向下平移 H,即得底圆的轴测投影;将半个椭圆沿 Z 轴向下平移 H/2,即得切口的轴测投影,如图 4-10(b)、(c) 所示。

(3) 作椭圆的公切线、截交线,擦去不可见部分,加深后即完成作图,如图 4-10(d) 所示。

3) 圆角的正等轴测图的画法

立体上 1/4 圆角在正等轴测图是 1/4 椭圆弧,可用近似画法作出,如图 4-11 所示。作图时根据已知圆角半径 R,找出切点 A_1、B_1、C_1、D_1,过切点分别作圆角邻边的垂线,两垂线的交点即为圆心,以此圆心到切点的距离为半径画圆弧即得圆角的正等轴测图,如图 4-11(b) 所示。底面圆角可将顶面圆弧下移高度 H 即得,如图 4-11(c) 所示,完成作图。

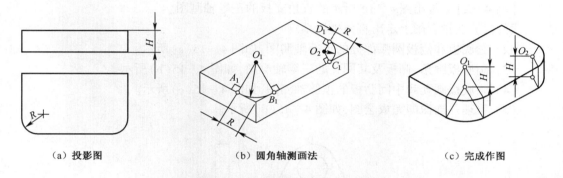

(a) 投影图　　　　　(b) 圆角轴测画法　　　　　(c) 完成作图

图 4-11　1/4 圆角的正等轴测图

4. 正等轴测图画法综合实例

【例 4-1】　图 4-12 所示为"相机外形"的投影图,画出其正等轴测图。

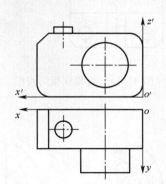

图 4-12　"相机外形"的投影图

解:首先在投影图上定出坐标系,如图 4-12 所示。

(1) 画轴测轴与"相机主体"部分的正等轴测图,如图 4-13(a) 所示。

(2) 画"镜头"大圆柱正等轴测图:先确定圆柱圆心与外接菱形,再画椭圆,如图 4-13(b) 所示。

(3) 画"按键"小圆柱的正等轴测图。补全主体上的圆角,如图 4-13(c) 所示。

(4) 作椭圆弧之间的公切线,整理并加深即完成全图,如图 4-13(d)所示。

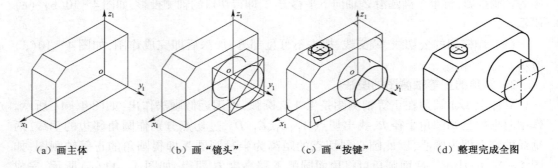

(a) 画主体　　　　(b) 画"镜头"　　　　(c) 画"按键"　　　　(d) 整理完成全图

图 4-13　"相机外形"的正等轴测图画法

【例 4-2】　画出图 4-14 所示的直角支板的正等轴测图。

解:(1) 在投影图上定出直角坐标系。

(2) 画底板和侧板圆弧部分的正等轴测图,如图 4-15(a)所示。

(3) 画底板圆角、侧板及其圆孔的正等轴测图,如图 4-15(b)所示。

(4) 画底板圆孔和中间肋板的正等轴测图,如图 4-15(c)所示。

(5) 整理并加深即完成全图,如图 4-15(d)所示。

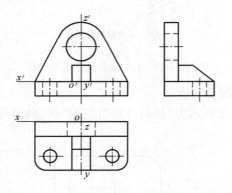

图 4-14　直角支板的视图

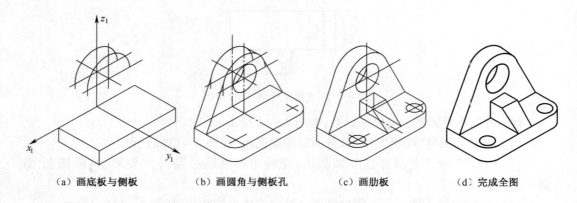

(a) 画底板与侧板　　　(b) 画圆角与侧板孔　　　(c) 画肋板　　　(d) 完成全图

图 4-15　直角支板的正等轴测图画法

4.3 斜二轴测图及画法

1. 轴间角和轴向伸缩系数

斜二轴测图是轴测投影面平行于一个坐标平面,且平行于坐标平面的那两根轴的轴向伸缩系数相等的斜轴测投影。如图 4-16(a) 所示,一般选择正面 XOZ 坐标面平行于轴测投影面。因此,$p=r=1$,$\angle X_1 O_1 Z_1 = 90°$,只有 Y 轴伸缩系数和轴间角随着投射方向的不同而变化。为了使图形更接近视觉效果和作图简便,国家标准《技术制图投影法》中规定,斜二轴测图中,取 $q=0.5$,轴间角 $\angle X_1 O_1 Y_1 = \angle Y_1 O_1 Z_1 = 135°$,如图 4-16(b) 所示。

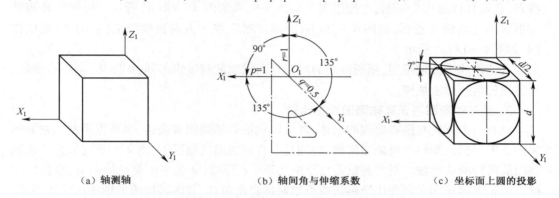

(a) 轴测轴　　　　(b) 轴间角与伸缩系数　　　　(c) 坐标面上圆的投影

图 4-16　斜二轴测图画图参数与坐标面上圆的投影特点

2. 斜二轴测图的画法

斜二轴测图能反映物体 XOZ 面及其平行面的实形,而另外两个坐标面上的圆投影成了外切于平行四边形的椭圆,其长轴与 $O_1 X_1$、$O_1 Z_1$ 之间的夹角约为 7°,该椭圆画图复杂,如图 4-16(c) 所示。故斜二轴测图特别适合于用来绘制只有一个方向有圆或曲线的物体。

如图 4-17(a) 所示为套筒连杆的投影图,下面举例说明绘制该形体斜二轴测图的方法。

由投影可知,套筒连杆的形状特点是在一个方向有相互平行的圆。宜选择圆的平面平行于坐标面 XOZ,作图过程如图 4-17 所示。注意 Y 方向长度减半量取 ($q=0.5$)。

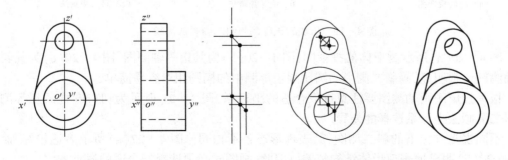

(a) 选定坐标轴　　　(b) 画轴测轴　(c) 画两圆柱上的圆孔　(d) 擦去多余线,加深完成作图

图 4-17　套筒连杆的斜二轴测图画法

【例 4-3】 画出图 4-18(a)所示"椅子"的斜二轴测图。

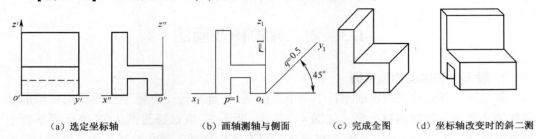

(a) 选定坐标轴　　　(b) 画轴测轴与侧面　　　(c) 完成全图　　　(d) 坐标轴改变时的斜二测

图 4-18 "椅子"的斜二轴测图画法

解：由题图 4-18(a)可知，"椅子"的特点是侧面形状比较复杂。根据斜二轴测图的特点，宜选择该面作为正面，在投影图上定出坐标系如图 4-18(a)所示。再画出轴测轴与形状不变的侧面投影，如图 4-18(b)所示。然后按 Y 方向长度取半($q=0.5$)完成作图，如图 4-18(c)所示。

若选取的坐标轴不同，则所画出的斜二轴测图繁简程度也不同，如图 4-18(d)所示，明显地较前一画法烦琐。

3. 斜二轴测图与正等轴测图画法比较

只有一个方向有圆或曲线的物体，既可以用正等轴测图来表达，也可以用斜二轴测图来画。但用斜二测画图可能更简便，特别是在自由曲面的情况下，图 4-19 所示为压块轴测图的两种画法比较。斜二测就是由反映实形平行于 XOZ 的坐标面拉伸而成，故作图便捷。而正等测画图必须先用坐标法找点绘制出自由曲线，并由其构成的轴测面拉伸而成。

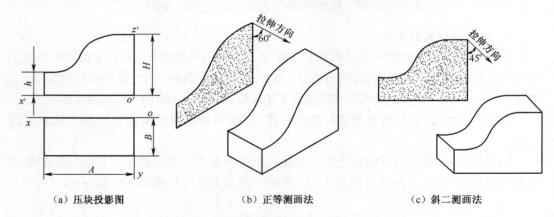

(a) 压块投影图　　　(b) 正等测画法　　　(c) 斜二测画法

图 4-19 压块的正等测与斜二测画法比较

图 4-20(a)所示为形体的投影图，图 4-20(b)为其正等轴测图，图 4-20(c)为其斜二轴测图。很明显，画斜二测中的圆比画正等测中的椭圆相对容易简单。

根据投影图画轴测图要注意选取合适的坐标系，图 4-21 所示为切口圆柱的正等测与斜二测画法坐标系选择的差异。

不同视觉方位下的斜二测图，其表现形态各不相同。图 4-22(a)所示表达较好，而图 4-22(b)明显地表现形体结构较差。因此，画图时必须选择好合适的视觉方位。

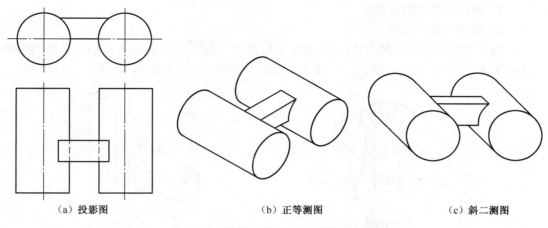

(a) 投影图　　　　　　　(b) 正等测图　　　　　　　(c) 斜二测图

图 4-20　形体正等测与斜二测画法比较

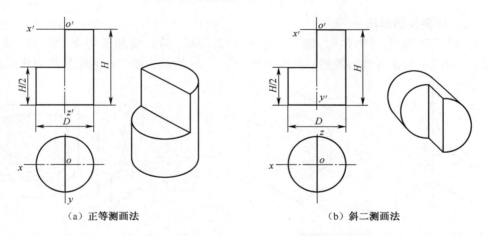

(a) 正等测画法　　　　　　　　　　(b) 斜二测画法

图 4-21　切口圆柱的正等测与斜二测画法比较

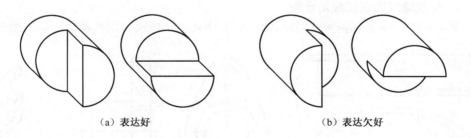

(a) 表达好　　　　　　　　　(b) 表达欠好

图 4-22　不同方位下斜二测图的形态

4.4　剖视轴测图

在轴测图中,为了表达物体内部结构形状,可假想用剖切平面沿坐标面方向将物体剖开,画成剖视轴测图。

1. 画剖视轴测图的规定
1) 剖切平面的选择

为了清楚表达物体的内外形状,通常采用两个平行于坐标面的垂直相交平面剖切物体的1/4,如图4-23(a)所示。一般不采用单一剖切平面全剖物体,如图4-23(b)所示。

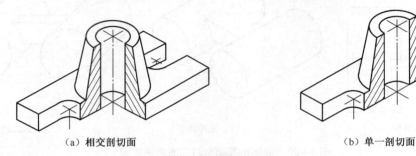

（a）相交剖切面　　　　　　　　　　（b）单一剖切面

图4-23　剖视轴测图的剖切方法

2) 剖面线的画法

当剖切平面剖切物体时,断面上应画上剖面线,剖面线画成等距、平行的细实线。图4-24所示为正等轴测图的剖面线画法,图4-25所示为斜二轴测图的剖面线画法。

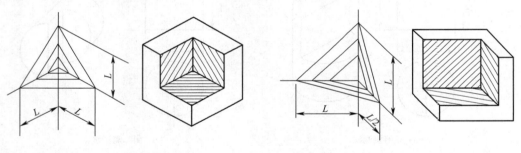

图4-24　正等轴测图中剖面线画法　　　　图4-25　斜二轴测图中剖面线画法

2. 剖视轴测图画法应用示例

图4-26所示为剖视画法的正等轴测图,图4-27所示为剖视画法的斜二轴测图。

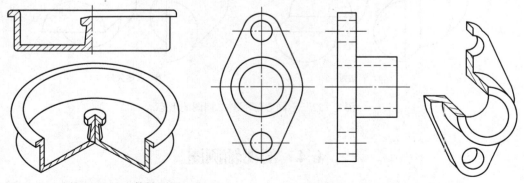

图4-26　剖视画法的正等轴测图　　　　　图4-27　剖视画法的斜二轴测图

图4-28(a)所示是一住宅的底层平面布置图,它是假设沿窗口高度水平地将房屋上

部分剖去后形成的。图 4-28(b)是住宅底层的剖视正等轴测图,它使室内空间布局一览无余。

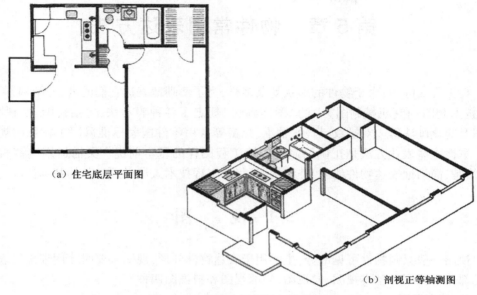

(a) 住宅底层平面图

(b) 剖视正等轴测图

图 4-28 住宅底层剖视正等轴测图

第5章 物件常用表达方法

在工程实际中,由于物件的形状复杂多样,为了清晰地表达它们的内、外结构,国家标准《技术制图》和《机械制图》中的"图样画法"规定了各种表示法,包括视图、剖视图、断面图及简化画法等。对螺纹、齿轮、轴承、弹簧等常用零件国家标准采用了特殊的规定画法。掌握这些表达方法是正确绘制和阅读工程图样的基本前提。灵活运用这些表达方法,清楚、简洁地表达物件的内、外结构,是每个工程技术人员必须具备的基本技能。

5.1 视 图

视图一般只画物件可见部分,主要用于表达物件外形,视图必要时才用细虚线表达不可见部分。视图分基本视图、向视图、局部视图和斜视图四种。

1. 基本视图

为了表达物件上下、左右、前后的形状,在原三视图的基础上增加了三个投影面,以图5-1所示的正六面体的六个面作为基本投影面,将物件置于正六面体内,分别向各个基本投影面投射,所得的图形称为基本视图。将六个投影面按图5-2所示的方式展开,即正面保持不动,其余投影面按箭头旋转到与正面共面的位置,即得六个基本视图。

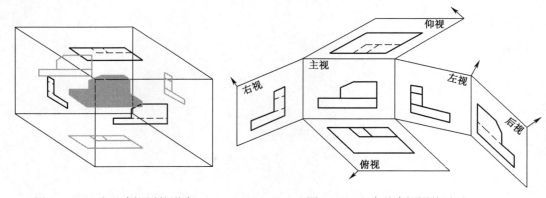

图5-1 六个基本视图的形成　　　　图5-2 六个基本视图的展开

1) 六个基本视图名称及其投影方向

主视图:自前向后投射所得的视图。俯视图:自上向下投射所得的视图。
左视图:自左向右投射所得的视图。右视图:自右向左投射所得的视图。
仰视图:自下向上投射所得的视图。后视图:自后向前投射所得的视图。

2) 六个基本视图的配置

国家标准规定,在同一张图纸上绘制的六个基本视图,其配置关系如图5-3所示,且一律不标注视图的名称。

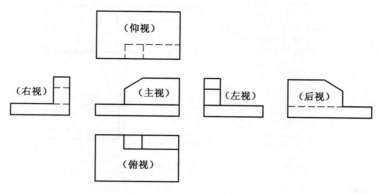

图 5-3　基本视图的配置图

3) 六个基本视图之间的投影关系

六个基本视图之间仍然符合"长对正、高平齐、宽相等"的投影规律。即主、俯、后、仰视图之间符合"长对正";主、左、后、右视图之间符合"高平齐";俯、左、仰、右视图之间符合"宽相等",如图 5-4 所示。

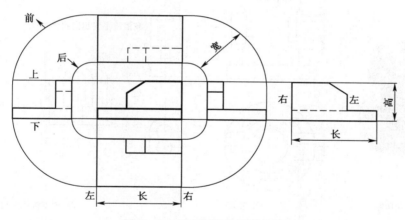

图 5-4　基本视图的投影关系

4) 视图选用原则

在绘制图样时,应根据物件的结构特点,按照实际需要选用视图。一般优先考虑选用主、俯、左三个基本视图,然后再考虑其他基本视图。总的要求是对物件形体的表达要完整、清晰又不重复,视图的数量尽量少。

2. 向视图

向视图是可自由配置的基本视图,是基本视图的另一种配置形式,在采用这种表达方式时,应在向视图的上方标注"×"字样("×"为大写英文字母),并在相应视图的附近用箭头指明投射方向,箭头旁需标注相同的字母,如图 5-5 所示。

采用向视图的目的是便于利用图纸空间,它是平移配置的基本视图。

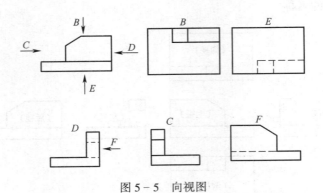

图 5-5　向视图

3. 局部视图

局部视图是将物件的某一部分向基本投影面投射所得的视图。当物件的主要形状已在基本视图上表达清楚，只有某些局部形状尚未表达清楚，而又没有必要再画出完整的基本视图，可采用局部视图表达物件的局部外形。图 5-6 所示的 A 向和 B 向局部视图分别表达了左、右两个凸台的形状。

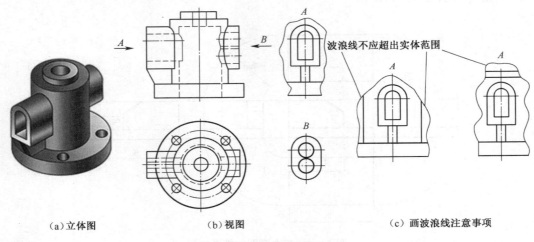

（a）立体图　　　　　　（b）视图　　　　　　（c）画波浪线注意事项

图 5-6　局部视图

1) 局部视图的画法

画局部视图时，一般以波浪线或双折线表示物件假想断裂处的边界，如图 5-6 中的 A 向局部视图。当被表达部分的结构是完整的，其图形的外轮廓线封闭时，波浪线可省略不画，如图 5-6 中的 B 向局部视图。用波浪线作为断裂线时，波浪线不应超出物件上断裂部分的轮廓线，应画在物件的实体上，如图 5-6(c)所示。

2) 局部视图的标注

局部视图可按基本视图配置，也可按向视图的形式配置。如图 5-6 所示。一般在局部视图上方标出视图的名称，在相应视图的附近用箭头指明投影方向并注上相同名称，如图 5-6 中的"A"、"B"。当局部视图按投影关系配置，中间又无其他图形隔开时，可以省略标注，如图 5-6(b)中的字母"A"。

4. 斜视图

将物件向不平行于基本投影面的平面投射所得的视图称为斜视图。斜视图用来表达物件上倾斜结构的真实形状。如图 5-7(a)中,为了表达支板倾斜部分的实形,可设置一个与倾斜部分平行的新投影面 P,用正投影法在新投影面上得到斜视图。

斜视图的画法与标注:

(1) 斜视图只表达倾斜表面的真实形状,其断裂边界用波浪线表示。斜视图一般按向视图的配置形式配置,在斜视图的上方必须用字母标出视图的名称,在相应的视图附近用箭头指明投射方向,并注上同样的字母,如图 5-7(b)所示。

(2) 在不致引起误解的情况下,从作图方便考虑,允许将图形旋转,这时斜视图应加注旋转符号,如图5-7(c)所示。

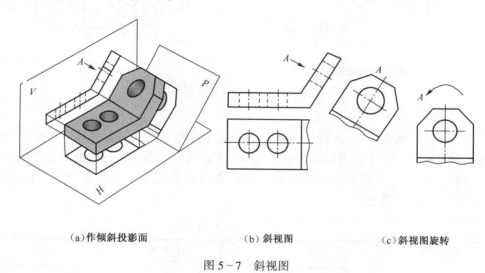

(a)作倾斜投影面　　　　　(b)斜视图　　　　　(c)斜视图旋转

图 5-7　斜视图

5.2　剖　视　图

当物件的内部结构复杂时,在视图中就会出现很多虚线,既影响图形的清晰又不便于标注尺寸,因此,国家标准(GB/T 17452—1998)中规定了用剖视图表示物件的内部结构。

1. 剖视图的概念

剖视是假想用剖切面切开物件,将处在观察者和剖切面之间的部分移去,而将余下部分向投影面投射所得的图形称为剖视图,简称为剖视,如图 5-8(a)中主视图即是剖视图。

1) 画剖视图的步骤

(1) 确定剖切面的位置。

剖切平面一般应通过物件的对称中心线或通过物件内部的孔、槽的轴线,如图 5-8(b)所示。

(2) 画物件剖切轮廓。

物件经过剖切后,内部不可见轮廓成为可见,将原来表示内部结构的细虚线改成粗实线,同时剖切面后的物件的可见轮廓也要用粗实线画出。

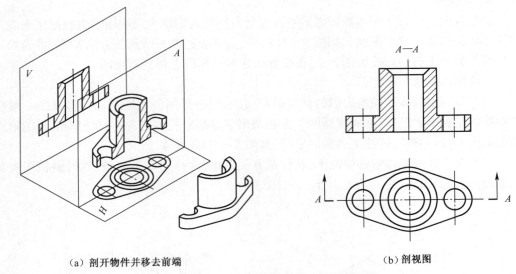

(a) 剖开物件并移去前端　　　　　(b) 剖视图

图 5-8　剖视的概念

(3) 画剖面符号。

为了区分实体和空腔，在物件与剖切平面接触的部分画出剖面符号。剖面符号与物件的材料有关，表 5-1 是国标规定常用材料的剖面符号。对金属材料制成物件的剖面符号，一般应画成与主要轮廓线或剖面区域的对称线成 45° 的一组平行细实线，如图 5-8(b) 中的主视图。

表 5-1　剖面符号

材料名称	剖面符号	材料名称	剖面符号
金属材料(已有规定剖面符号者除外)		混凝土	
非金属材料(已有规定剖面符号者除外)		液体	
型砂、填砂、粉末冶金、砂轮、陶瓷刀片等			

同一物件的所有剖面区域所画剖面线的方向及间隔要一致，如果图形中的轮廓线与通用剖面线走向一致，可将该图形的剖面线画成与主要轮廓线或剖面区域的对称线成 30° 或 60°，但其倾斜方向仍应与其他图形的剖面线一致，如图 5-9 所示。

(4) 剖视图的配置与标注。

剖视图一般按投影关系配置，也可根据图面布局将剖视图配置在其他适当位置，如图 5-10 中的 B—B 剖视图。

剖视图的标注包括剖切面的位置、投射方向和剖视图名称。剖切面的起、迄和转折位置通常用长约 5~10mm、线宽 1~1.5 倍的粗实线表示，且不能与图形轮廓线相交。在剖切符号的起、迄和转折处注上字母"×"。投射方向用箭头表示。剖视图名称是在所画图形上方用相同的字母"×—×"表示,如图 5 - 10 中的 A—A、B—B。

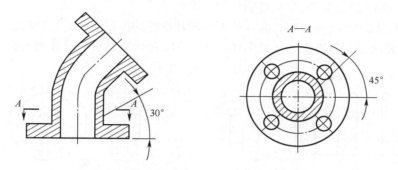

图 5 - 9 主要轮廓线为 45°时的剖面线画法

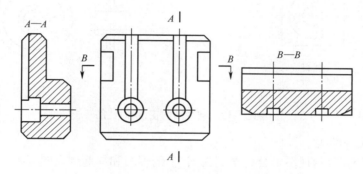

图 5 - 10 剖视图配置

在下列两种情况下,可部分省略标注或全部省略标注。

(1) 当剖视图按投影关系配置,且中间又没有其他图形隔开时,由于投射方向明确,可省略箭头,如图 5 - 10 中的 A—A 剖视图。

(2) 当单一剖切平面通过物件的对称面或基本对称面,同时又满足情况前述(1)的条件,此时剖切位置、投射方向以及剖视图都非常明确,故可省去全部标注,如图 5 - 11 所示。

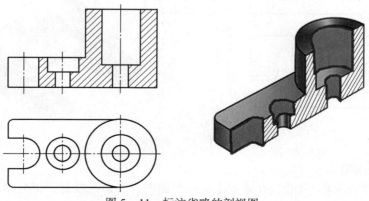

图 5 - 11 标注省略的剖视图

2) 画剖视图的注意事项

（1）剖开物件是假想的，是针对剖视图这一表达方法提出的。物件始终是完整形体，如图5-12所示的俯视图，是完整物件的视图。

（2）画剖视图时，是画剖切面后留下的剖开物件的投影图，而不仅仅是剖面区域的轮廓投影图，要做到不漏画也不多画图线。图5-12所示为两种常见孔槽的正、误对比图。

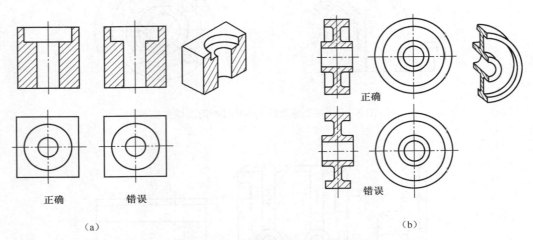

图5-12 剖视图的正、误对比图

2. 剖视图的种类

根据剖切范围，剖视图可分为全剖视图、半剖视图和局部剖视图三种。

1) 全剖视图

用剖切面完全剖开物件所得的剖视图称为全剖视图，如图5-13中的主视图。前述的各剖视图例均为全剖视图。全剖视图用于外形简单而内部结构较复杂且不对称的物件。

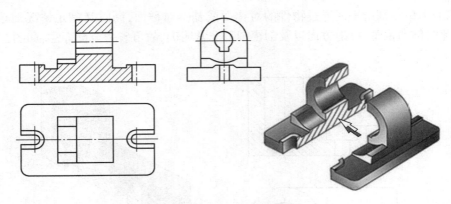

图5-13 全剖视图

2) 半剖视图

当物件具有对称平面时，在垂直于对称平面的投影面上投射所得的图形，以对称中心为界，一半画成剖视图，另一半画成视图，这样获得的剖视图称为半剖视图。半剖视图适用于内外结构都需要表达且具有对称平面的物件,如图 5-14 中的主视图和俯视图。

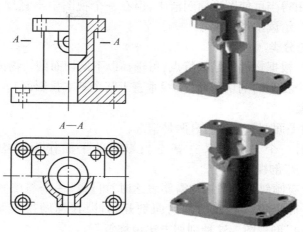

图 5-14 半剖视图

画半剖视图应注意的问题如下:

(1) 视图和剖视图的分界线应是点画线,不能以粗实线分界。当对称物件的轮廓线与中心线重合时,不宜采用半剖视图表示。

(2) 半剖视图的标注方法与全剖视图的标注方法相同。

(3) 半剖视图中由于图形对称,物件的内部结构形状已在半个剖视图中表示清楚,所以在表达外部形状的半个视图中不画细虚线。

3) 局部剖视图

用剖切面局部地剖开物件所获得的剖视图,称为局部剖视图。局部剖视图中视图与剖视图的分界线用波浪线或双折线表示,如图 5-15 所示。

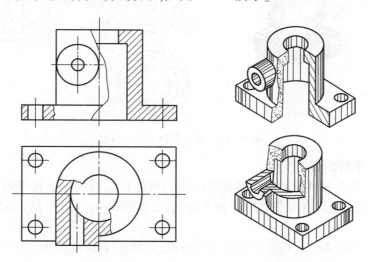

图 5-15 局部剖视图

局部剖视图一般可省略标注,但当剖切位置不明显或局部剖视图未按投影关系配置时,则必须加以标注。

局部剖视图不受物件结构是否对称的限制,剖切范围的大小可根据表达物件的内外形状需要选取,运用得当可使图形简明清晰;但在一个视图中不宜过多采用局部剖,否则会使图形显得零碎,给读图带来困难。

3. 剖切平面的分类

国家标准规定,根据物件的结构特点,可选择以下剖切面剖切物体:单一剖切面、几个平行的剖切面、几个相交的剖切平面(交线垂直于某个基本投影面)。

1) 单一剖切面

仅用一个剖切平面剖开物件。有两种情况:

(1) 一种是用一个平行于某一基本投影面的平面作为剖切平面剖开物件,如图 5 - 16 中的"B—B"剖视图。

(2) 若物件上有倾斜的内部结构需要表达时,可选择一个与该倾斜部分平行的辅助投影面,用一个平行于该投影面的剖切面剖开物件,在辅助投影面上获得剖视图,如图 5 - 16 中的"A—A"剖视图。这种剖切方法也称斜剖。

用斜剖获得的剖视图一般按投影关系配置在与剖切符号相对应的位置,也可将剖视图移至图纸的其他适当位置。在不致引起误解时允许将图形旋转,此时必须加注旋转符号。

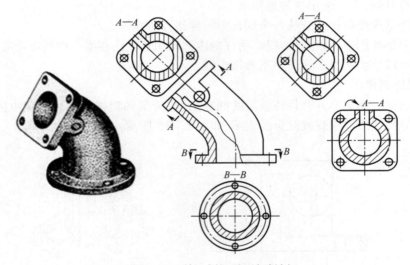

图 5 - 16 单一剖切平面与斜剖

2) 几个平行的剖切平面

当物件上具有几种不同的结构要素(如孔、槽等),它们的中心线排列在几个互相平行的平面上时,宜采用几个平行的剖切平面剖切,如图 5 - 17(a)所示。这种剖切方法也叫阶梯剖。

用几个平行的剖切平面剖切获得的剖视图,必须进行标注,如图 5 - 17(b)所示。

3) 两相交剖切平面

用两个相交的剖切面(交线垂直于某一基本投影面)切开物件,以表达具有回转轴物件的内部形状。此时,两剖切面的交线应与回转轴重合,如图 5 - 18 所示,这种剖切方法也叫旋转剖。用这种方法画剖视图时,应先将被剖切面剖开的断面旋转到与选定的基本投影面平行,然后再进行投射。

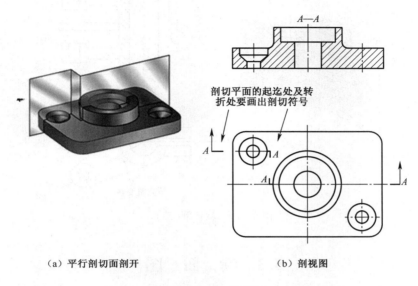

(a) 平行剖切面剖开　　　(b) 剖视图

图 5-17　阶梯剖

采用相交平面剖切时应注意以下几点:

(1) 凡在剖切面后,没有被剖到的结构,仍按原来的位置投射,如图 5-18 物件下部的小圆孔,其在"A—A"中仍按原来位置投射画出。

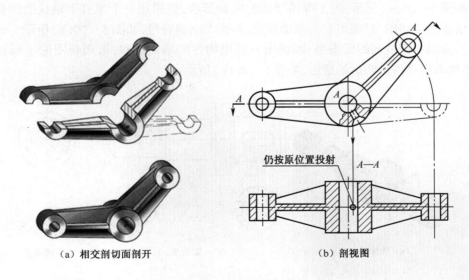

(a) 相交剖切面剖开　　　(b) 剖视图

图 5-18　旋转剖(一)

(2) 当两相交剖切平面剖到物件上的结构产生不完整要素时,则这部分按不剖绘制,如图 5-19 所示。

(3) 采用旋转剖画出的视图必须标注,标注方法与阶梯剖类似。

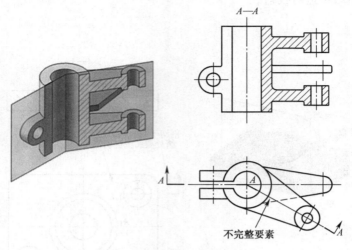

图 5-19 旋转剖(二)

5.3 断面图

断面图主要用来表达物件上某处的断面真实形状,GB/T 17452—1998 规定了它的画法。

1. 断面图的概念

假想用剖切面将物件某处切断,仅画出剖面区域的实形图,称为断面图。

如图 5-20(a)所示,为了得到键槽的断面形状,假想用一个垂直于轴线的剖切平面在键槽处将轴切断,只画出它的断面形状,并画上剖面符号,如图 5-20(b)所示。

断面图与剖视图的区别是:断面图只画出物件的断面形状,而剖视图除了断面形状外,还要画出物件剖切后的投影,如图 5-20(c)所示。

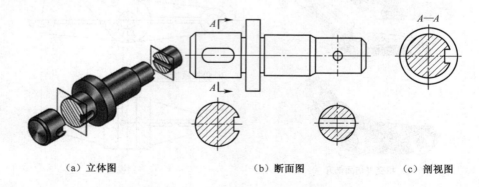

图 5-20 断面图

2. 断面图的种类

根据断面图配置的位置,断面图分移出断面图和重合断面图两种,如图 5-21 所示。

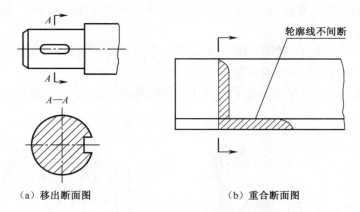

(a) 移出断面图　　　　　　　　(b) 重合断面图

图 5-21　断面图种类

1) 移出断面图

画在视图以外的断面图,称为移出断面图。

(1) 移出断面图的画法。

① 移出断面图的轮廓线用粗实线绘制。在断面区域内一般要画剖面符号,如图 5-22 中的 A—A 所示。

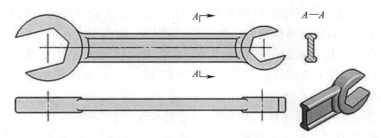

图 5-22　移出断面图画法

移出断面图可配置在剖切符号或剖切平面迹线的延长线上。如图 5-23(b)、(c)所示。也可将移出断面图配置在其他适当位置,如图 5-23(a)、(d)所示。

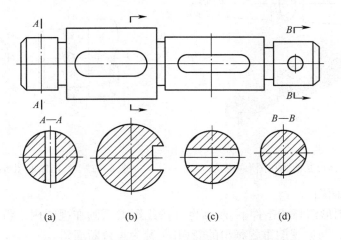

(a)　　　　(b)　　　　(c)　　　　(d)

图 5-23　回转形成的孔或凹坑的断面图

② 当剖切平面通过回转面形成的孔或凹坑的轴线时,这些结构按剖视绘制,如图 5-23(a)、(d)所示。

③ 剖切平面通过非圆孔而导致出现完全分离的两个断面时,则这些结构应按剖视绘制,如图 5-24 中的 A—A 断面图。

④ 用两个或多个相交剖切平面剖切所得的移出断面,中间一般就应断开,如图 5-25 所示。

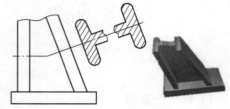

图 5-24　断面完全分离时按剖视图绘制　　　图 5-25　相交平面剖切的移出断面图

⑤ 断面图形对称时,也可画在视图的中断处,如图 5-26 所示。

(2) 移出断面图的标注。

① 移出断面图一般应用粗短画表示剖切位置,用箭头表示投射方向并注上字母,在断面图的上方应用同样字母标出相应的名称,如图 5-23(d)所示。

② 配置在剖切符号或剖切平面迹线的延长线上的移出断面图,如果断面图不对称可省略字母,但应标注投射方向,如图 5-23(b)所示。如果图形对称可省略标注,如图 5-23(c)所示。

③ 配置在视图中断处的移出断面图,可省略标注,如图 5-26 所示。

④ 移出断面图按投影关系配置,可省略投射方向的标注,如图 5-27 所示。

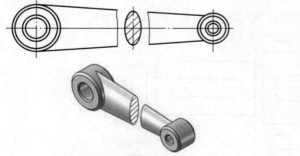
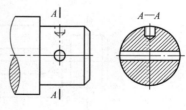

图 5-26　移出断面画在图形中断处　　　图 5-27　移出断面图按投影关系配置

2) 重合断面图

在不影响图形清晰的条件下,断面也可按投影关系画在视图内。将断面图绕剖切位置线旋转 90°后,与原视图重叠画出的断面图,称为重合断面图。

(1) 重合断面图的画法。

重合断面图的轮廓线用细实线绘制,当视图中的轮廓线与重合断面轮廓线重叠时,视图中的轮廓线仍应连续画出不可间断,如图 5 - 28 所示。

(2) 重合断面图的标注。

对称的重合断面图,可省略标注,如图 5 - 28(a)所示。不对称重合断面图,需画出剖切位置符号和箭头,可省略字母,如图 5 - 28(b)所示。

图 5 - 28　重合断面图画法及标注

为了得到断面的真实形状,剖切平面一般应垂直于物体上被剖切部分的轮廓线,如图 5 - 29 所示。

图 5 - 29　重合断面图的应用

5.4　其他表达方法

1. 局部放大图

物件上的小结构,在视图中需要清晰表达时,可用大于原图形的比例画出。用这种方法画出的图形称为局部放大图,如图 5 - 30 所示。

画局部放大图时应注意以下几点:

(1) 根据表达需要,局部放大图可以画成视图、剖视或断面的形式,与被放大部分的表达形式无关。局部放大图,应尽量配置在被放大部位的附近。

(2) 绘制局部放大图时,应按图 5 - 30 中的方式用细实线圆圈出被放大的部位。同一物件上有几个被放大的部位时,必须用罗马数字依次标明被放大的部位,并在局部放大图的上方以分数形式标注出相应的罗马数字及采用的比例,各个局部放大图的比例根据表达需要给定,不要求统一。若物件上仅有一个被放大的部位,则在局部放大图的上方只需注明采用的比例。

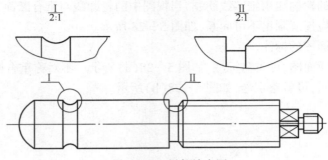

图 5-30　局部放大图

2. 规定画法和简化画法(GB/T 16675.1—1996)

1) 肋板剖切的规定画法

对于物件上的肋板,如按纵向剖切,不画剖面符号,而用粗实线将它与邻接部分分开;垂直剖切,则要画剖面线,如图 5-31 所示。

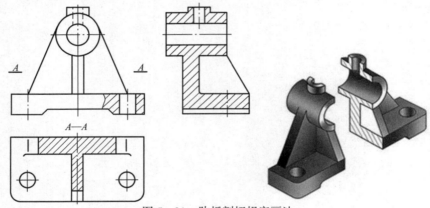

图 5-31　肋板剖切规定画法

2) 均匀分布的肋板及孔的画法

当物件回转体上均匀分布的肋、孔等结构不处于剖切平面上时,可将这些结构旋转到剖切平面上画出,如图 5-32 所示。

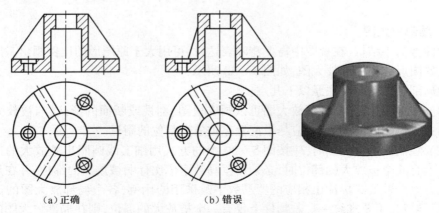

(a) 正确　　　　　　　　(b) 错误

图 5-32　均匀分布的肋板及孔的画法

3) 相同结构要素的画法

当物件上有相同结构要素(如孔、槽、齿等)并按一定规律分布时,只需要画出几个完整的结构,其余的可用细实线连接或画出它们的中心位置,并在图中注明总数,如图 5-33 所示。

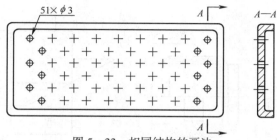

图 5-33 相同结构的画法

4) 断开画法

较长的物件(轴、杆等)沿长度方向的形状相同或按一定规律变化时,可断开后缩短绘制,断开后的结构应按实际长度标注尺寸。断开边界可用波浪线、双折线绘制,如图 5-34 所示。

5) 物件上小平面的画法

当回转体物件上的平面在图形中不能充分表达时,可用相交的两条细实线表示,如图 5-35 所示。

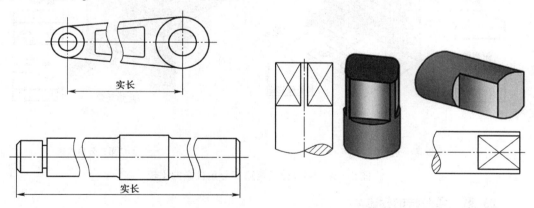

图 5-34 断开画法   图 5-35 回转体上平面的画法

6) 滚花或网纹的示意画法

物件上的滚花或网纹可在视图的轮廓线附近用细实线示意画出一小部分,并在图样上的技术要求中指明这些结构的具体要素,如图 5-36 所示。

3. 第三角投影简介

1) 第三角投影基本知识

如图 5-37 所示,三个互相垂直的投影面将空间分为八个部分,每一部分为一分角,依次为Ⅰ、Ⅱ、Ⅲ、Ⅳ、Ⅴ、Ⅵ、Ⅶ、Ⅷ。国家标准规定,物体的图形按正投影法绘制,并采用第一角画法,必要时(如按合同规定或国际间技术交流)允许使用第三角画法。前面介绍的视图都是第一角画法,即是将物体置于第一分角内,保持着"人→物→图"的关系进行投影,如图 5-38(a)所示。第三角画法是将物体置于第三分角内,保持着"人→图→物"的关系进行投影,如图 5-38(b)所示。

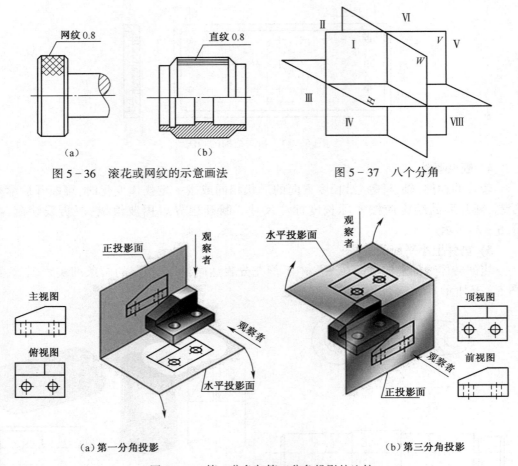

图 5-36 滚花或网纹的示意画法

图 5-37 八个分角

图 5-38 第一分角与第三分角投影的比较

2) 第三角画法的标志

采用第三角画法时,在图样中必须画出图 5-39 所示的第三角画法识别符号。第一角画法识别符通常是省略的,只在必要时才使用。

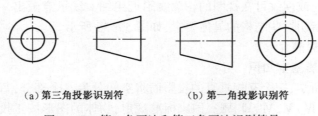

图 5-39 第一角画法和第三角画法识别符号

3) 视图的配置

采用第三角画法,投影面展开时,正面保持不动,其他各投影面的展开如图 5-40 所示。展开后各视图的配置关系及视图名称如图 5-41 所示(视图名称如图中所示,绘制时不需注明视图名称)。

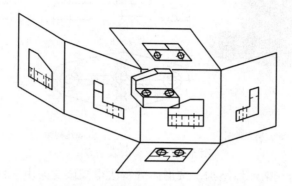

图 5-40 第三角投影中六个基本视图的形成

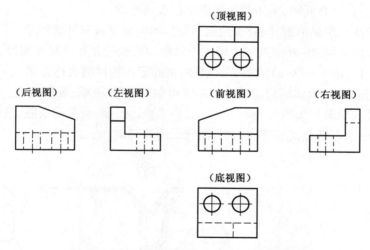

图 5-41 第三角投影中六个基本视图的配置

通过上述对第三角投影画法的简介以及第三角画法与第一角画法的比较可以看出,熟练掌握了第一角画法,就能触类旁通,不难掌握第三角画法。

5.5 综合应用举例

一个物件往往可以选用几种不同的表达方案,选用哪种表达方案可达到最佳,用一组图形既能完整、清晰、简明地表示出物件各部分内外结构形状,又看图方便,绘图简单,则这种方案即为最佳。因此,在绘制图样时应针对物件的形状、结构特点,合理、灵活地选择表达方法,并进行综合分析、比较,确定出最佳的表达方案。

【例 5-1】 如图 5-42(a)所示,选用适当的一组图形表达该支架。

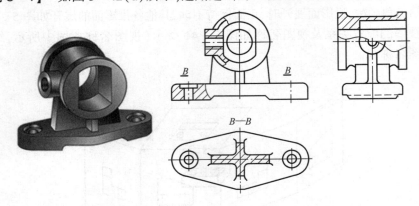

(a)支架立体图　　　　　　(b)表达视图

图 5-42　支架的表达方案

解:(1) 分析的支架形体结构。按形体分析法得知该支架由三部分组成:上部为水平圆柱筒,下面为椭圆形底板,中间用十字肋板连接上下两部分。

(2) 选择主视图。如图 5-42(b)所示,选择最能反映支架形体特征的方向作为主视图的投射方向,结合剖切,采用两处局部剖以表达孔深。

(3) 左视图采用局部剖,同时表达水平圆筒的内部结构和外部形状。

(4) 俯视图采用 $B-B$ 全剖视以表达十字肋与底板的相对位置及实形。

【例 5-2】 图 5-43(a)为茶壶的壶体,试确定该物件的表达方案。

解:(1) 分析壶体形体结构。该壶体主要由空腔壶身、壶嘴、壶柄组成。

(2) 选择主视图。如图 5-43(b)所示,为了表达壶嘴、壶身的空腔,该物件左右不具备对称性,又由于壶柄是实心结构,主视图宜采用局部剖。

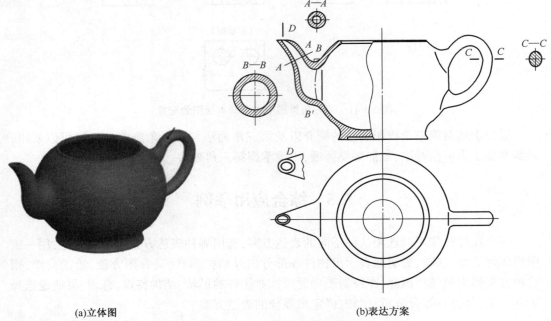

(a)立体图　　　　　　　　　　　(b)表达方案

图 5-43　壶体的表达方案

(3) 选择其他视图。一般优先采用主、俯、左视图。为表达壶体的前后对称结构,采用俯视图。为表达壶嘴、壶柄不同位置的结构,选用 A—A、B—B 和 C—C 断面图。为表达壶嘴出水口的形状,采用 D 向局部视图。

【例 5-3】 试确定图 5-44(a)所示化妆瓶的表达方案。

解:(1) 分析瓶子结构。该物件内外结构比较简单,前后左右具有对称性。

(2) 选择视图。主视图采用半剖,表达内外结构。左视图采用全剖。俯视图表达其椭圆断面结构。左上的局部放大图是为了表达瓶口的螺纹结构,如图 5-44(b)所示。

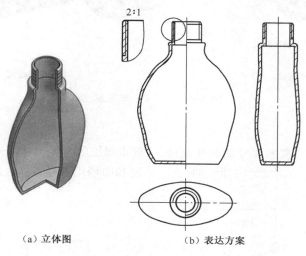

(a) 立体图　　　　　(b) 表达方案

图 5-44　化妆瓶的表达方法

5.6　特殊表达方法

标准件和常用件是机器或部件上广泛使用的零件。标准件有螺钉、螺栓、螺柱、螺母、键、滚动轴承等,它们的结构、尺寸实行了标准化;常用件有齿轮、弹簧等,它们的结构、尺寸实行了部分标准化。这些标准化结构在工程制图中不是按真实的轮廓投影绘制,而是按国家标准规定的特殊性画法绘制。

1. 螺纹及螺纹紧固件

1) 螺纹的形成

在圆柱或圆锥表面上,沿着螺旋线所形成的、具有相同断面的连续凸起或沟槽的结构称为螺纹。螺纹凸起部分称为牙,凸起的顶端称为牙顶,沟槽的底称为牙底。在外表面上形成的螺纹称为外螺纹;在内表面上形成的螺纹称为内螺纹。

螺纹可以采用不同的加工方法制成。图 5-45 表示在车床上车削螺纹的情况。

2) 螺纹的要素

螺纹的结构和尺寸是由牙型、公称尺寸、螺距、线数、旋向五个要素确定的。当内外螺纹正常旋合时,两者的五个要素必须相同。

(1) 牙型。

在通过螺纹轴线的断面上,螺纹的轮廓形状称为螺纹牙型。不同的螺纹牙型,有不同的用途,如三角形的牙型常用于紧固连接,锯齿形和梯形的牙型常用于传递动力。

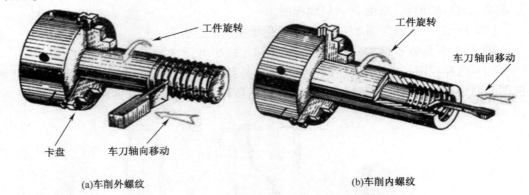

(a)车削外螺纹　　　　　　　(b)车削内螺纹

图5-45　车床上车削螺纹

(2) 公称直径。

公称直径是螺纹要素尺寸的名义直径,一般指螺纹的大径尺寸。外螺纹的大径、小径和中径用符号 d、d_1、d_2 表示,内螺纹的大径、小径和中径用符号 D、D_1、D_2 表示,如图5-46所示。

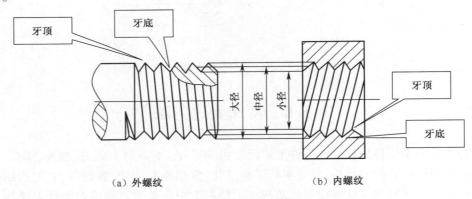

(a) 外螺纹　　　　　　　(b) 内螺纹

图5-46　螺纹直径

(3) 线数。

沿一条螺纹线所形成的螺纹称为单线螺纹,沿两条或两条以上、在轴向等距离分布的螺旋线所形成的螺纹称为多线螺纹,如图5-47所示。

(4) 螺距和导程。

相邻两牙在中径线上对应两点间的轴向距离称为螺距,用字母 P 表示,而在同一条螺旋线上相邻两牙在中径线对应两点间的轴向距离称为导程,用 P_h 表示。导程、螺距、线数的关系为: $P_h = n \cdot P$,n 表示线数,如图5-47所示。

(5) 旋向。

旋向分左旋和右旋两种,工程上常用的是右旋螺纹。顺时针旋转时沿轴向旋入的为右旋,逆时针旋转时旋入的为左旋。

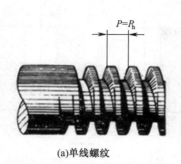
(a)单线螺纹

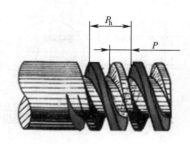
(b)双线螺纹

图 5-47　螺纹线数与导程

3) 螺纹的规定画法

(1) 外螺纹的规定画法。

外螺纹的规定画法如图 5-48 所示,螺纹牙顶所在轮廓线(大径)画成粗实线,牙底所在轮廓线(小径)画成细实线。画图时小径尺寸可近似地取 $d_1 \approx 0.85d$。在投影为非圆的视图中,螺杆的倒角或倒圆部分也应画出细实线,螺纹终止线用粗实线绘制。在投影为圆的视图中,表示牙底的细实线圆只画约 3/4 圈,螺杆上表示倒角的圆省略不画。剖视图中的剖面线应画到粗实线为止。

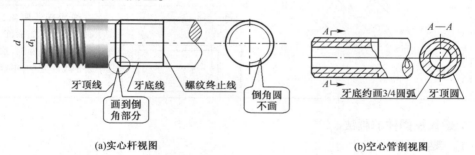

(a)实心杆视图　　　　　　　(b)空心管剖视图

图 5-48　外螺纹的画法

(2) 内螺纹的画法。

内螺纹的规定画法如图 5-49 所示,画图时小径尺寸可近似地取 $D_1 \approx 0.85D$。在投影为非圆的剖视图中,螺纹的小径 D_1 用粗实线表示,大径 D 用细实线表示,螺纹终止线用粗实线表示。在投影为圆的视图中,表示牙底的细实线圆只画约 3/4 圈,表示倒角的圆省略不画。剖面线应画到粗实线为止。当螺纹不可见时,所有图线用虚线绘制。图 5-50 为不通孔内螺纹的画法。

4) 螺纹的标注

由于各种螺纹的画法都是相同的,为区别不同种类的螺纹,必须按规定格式进行标注。

标准螺纹标注的一般格式与项目为:

|螺纹特征代号|　|公称直径|×|导程(P 螺距)|　|旋向|-|公差带代号|-|旋合长度代号|

普通螺纹尺寸注写形式与一般尺寸注写类同,见表 5-2。

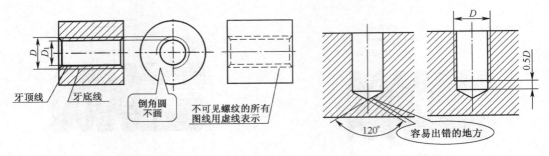

图 5-49 内螺纹的画法　　　　图 5-50 不通孔内螺纹的画法

表 5-2 螺纹的牙型、代号和标注示例

螺纹种类		牙型放大图	螺纹特征代号	标注示例	说明
普通螺纹	粗牙普通螺纹	三角形 60°	M	M20LH-7H	粗牙普通螺纹，大径 $\phi20$（不标螺距，需查表获得），LH 表示左旋，中径、顶径公差带代号为 7H，中等旋合长度
	细牙普通螺纹			M20×2-5g6g	细牙普通螺纹，大径 $\phi20$，螺距为 2，右旋，中径公差带代号为 5g，顶径公差带代号为 6g，中等旋合长度

5) 螺纹紧固件的画法

(1) 螺纹紧固件。

螺纹紧固件连接是工程上应用最广泛的连接方式。按照所使用的螺纹紧固件的不同，可分为螺栓连接、螺柱连接、螺钉连接等。常用螺纹紧固件有螺栓、双头螺柱、螺钉、螺母和垫圈等，图 5-51 为部分常用螺纹紧固件。

六角头螺栓　　双头螺柱　　六角螺母

内六角圆柱头螺钉　　开槽圆柱头螺钉　　开槽沉头螺钉

图 5-51 常用螺纹紧固件

（2）螺纹紧固件的比例画法。螺纹紧固件的画法如图 5-52 所示。螺纹紧固件通常由螺纹大径,按比例绘制,见表 5-3。

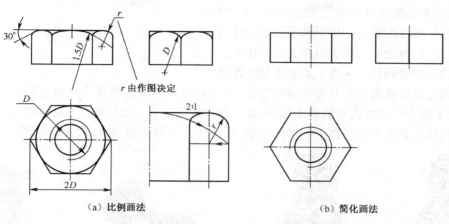

（a）比例画法　　　　　　　　　　　　（b）简化画法

图 5-52　螺纹紧固件视图(螺母、螺栓头部画法)

表 5-3　常用紧固件的比例画法

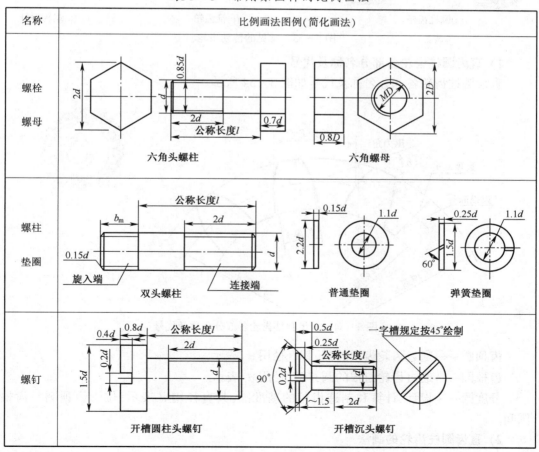

2. 齿轮

齿轮是机器上常用的传动零件,它可以传递动力,改变转速和旋转方向。齿轮种类很多,按其传动情况可分为三类,如图 5-53 所示。

(1) 圆柱齿轮——用于两平行轴的传动。
(2) 锥齿轮——用于两相交轴的传动。
(3) 蜗轮蜗杆——用于两交叉轴的传动。

齿轮有标准齿轮和非标准齿轮之分,具有标准齿形的齿轮称为标准齿轮。齿轮是常用件,下面介绍标准齿轮的基本知识,重点讲解轮齿部分标准结构的规定画法。

圆柱齿轮主要用于两平行轴的传动,轮齿的方向有直齿、斜齿和人字齿等。

(a)圆柱齿轮

(b)锥齿轮

(c)蜗轮蜗杆

图 5-53 常见的传动齿轮

1) 直齿圆柱齿轮各部分名称及代号

直齿圆柱齿轮各部分名称及代号如图 5-54 所示。

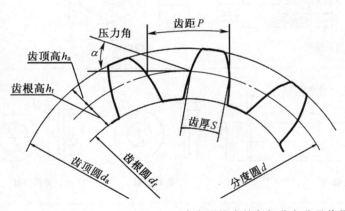

图 5-54 直齿圆柱齿轮各部分名称及代号

齿顶圆——通过齿轮齿顶的圆,其直径用 d_a 表示。
齿根圆——通过齿轮齿根的圆,其直径用 d_f 表示。
分度圆——设计、计算和制造齿轮的基准圆,其直径用 d 表示,位于齿顶圆与齿根圆间。

2) 直齿圆柱齿轮的画法

机械制图国家标准要求对轮齿部分按规定画法绘制,其他部分按一般画法绘制。如

图 5-55 所示,在投影为圆的视图上,齿顶圆用粗实线绘制,分度圆用点画线绘制,齿根圆用细实线绘制或省略不画。

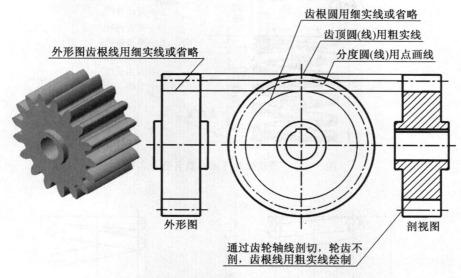

图 5-55 直齿圆柱齿轮的画法

3. 弹簧

弹簧的用途很广,主要用于减震、夹紧、承受冲击、储存能量、复位和测力等。其特点是受力后能产生较大的弹性变形,去除外力后又恢复原状。弹簧的种类很多,常见的有螺旋弹簧、弓形弹簧、碟形弹簧、涡卷弹簧、片弹簧等。常见弹簧的种类如图 5-56 所示。

(a)压缩弹簧　　(b)拉伸弹簧　　(c)扭转弹簧　　(d)涡卷弹簧

图 5-56 常见弹簧的种类

1) 圆柱螺旋压缩弹簧

圆柱螺旋压缩弹簧各部分名称如图 5-57 所示。

2) 圆柱螺旋压缩弹簧的规定画法

弹簧的真实投影很复杂,因此,国家标准(GB/T 4459.4—2003)规定了圆柱螺旋压缩弹簧的画法,即螺旋线的投影按弹簧直径作公切线画出。弹簧既可画成剖视图,也可画成视图,如图 5-58 所示。

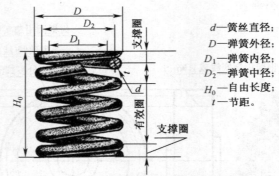

图 5-57 圆柱螺旋压缩弹簧各部分名称

d——簧丝直径;
D——弹簧外径;
D_1——弹簧内径;
D_2——弹簧中径;
H_0——自由长度;
t——节距。

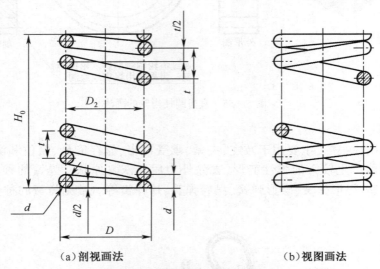

(a) 剖视画法　　　　　　　　(b) 视图画法

图 5-58 圆柱螺旋压缩弹簧画法

4. 滚动轴承

滚动轴承是用来支承轴的标准部件,它由下列零件构成:内圈、外圈、滚动体、保持架,见表 5-4 的结构形式。滚动轴承由于摩擦阻力小、结构紧凑等优点,在机器中被广泛使用。

1) 滚动轴承的分类

(1) 按可承受载荷的方向,滚动轴承可分为三类:主要承受径向载荷的向心轴承,只承受轴向载荷的推力轴承,同时承受径向和轴向载荷的向心推力轴承。

(2) 根据滚动体的形状可分为两类:滚动体为钢球的球轴承,滚动体为圆柱形、圆锥形或针状滚子的滚子轴承。

2) 滚动轴承的画法

滚动轴承是标准部件,由专门的工厂生产。在装配图中,国家标准规定了三种画法,见表 5-4。在同一图样中,应采用其中的一种画法,表 5-4 中,B、D、d 分别是滚动轴承宽度、外径、内径尺寸,$A=(D-d)/2$。

在规定画法中,轴承的滚动体不画剖面线,各套圈画成方向和间隔相同的剖面线。

表 5-4 滚动轴承的表示法

轴承名称及代号	结构形式	通用画法	规定画法	特征画法
深沟球轴承				
圆锥滚子轴承	外圈 保持架 内圈 滚动体			
推力球轴承				

图 5-59 为滚动轴承在轴上的安装位置,要求轴承的内圈(或外圈)端面贴紧轴肩(或其他零件端面),达到轴向定位的作用。

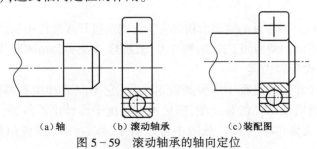

(a) 轴　　(b) 滚动轴承　　(c) 装配图

图 5-59　滚动轴承的轴向定位

第 6 章　工程图样简介

本章主要介绍工程图样的基本知识,包括机械图样的画法与识读并简要介绍了建筑施工图。组成机器或部件的最基本单元,称为零件,表达零件的图样即是零件图。表达机器或部件的图样即是装配图,零件图和装配图统称为机械图。工程上把机械图、建筑图、电路图等统称为工程图。

6.1　零件图的内容及视图表达

任何机器或部件都是由若干零件按一定的装配关系及技术要求装配而成的,如图 6-1 所示的齿轮油泵。它由泵体、泵盖、主动齿轮轴、从动齿轮轴、螺钉、螺母、销、密封圈等零件组成。

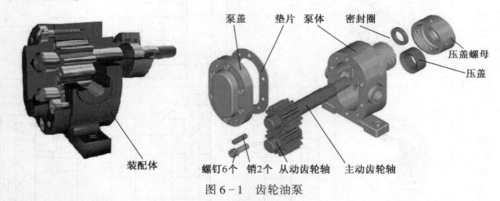

图 6-1　齿轮油泵

根据零件在机器或部件中的作用,一般可将零件分为以下三类。

（1）标准零件:标准零件的结构、尺寸、加工要求、画法等均已标准化,如螺栓、螺母、垫圈、键、销、滚动轴承等。

（2）常用零件:常用零件是经常使用,但只是部分结构及其尺寸和参数标准化,如齿轮、带轮、弹簧等。

（3）一般零件:一般零件的结构形状取决于它们在机器或部件中的作用。尽管它们的形状千差万别,主要可以归纳为如下四类:轴套类、盘盖类、叉架类和箱体类,如图 6-2 所示。

1. 零件图的作用和内容

零件图是设计和生产过程中重要的技术文件,它是制造和检验零件的依据。产品设计一般先设计出机器或部件的装配图,然后根据装配图设计出零件图。

图 6-3 所示为泵体零件图。从图中可以看出,零件图一般应包括以下几个方面的内容。

第 6 章 工程图样简介

（a）轴套类　　（b）盘盖类　　（c）叉架类　　（d）箱体类

图 6-2　四类典型零件

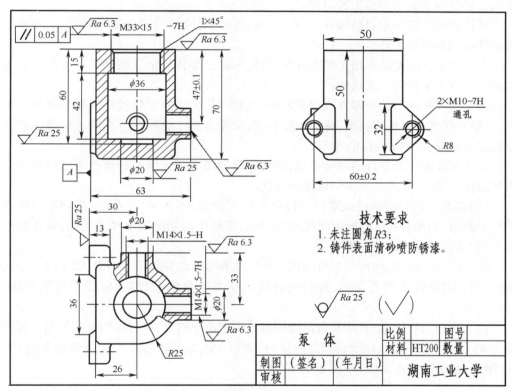

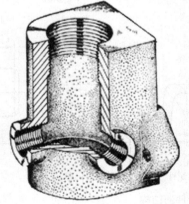

图 6-3　泵体零件图与立体图

（1）一组图形：包括视图、剖视图、断面图等表达方法，用来表达零件各部分的结构形状。

（2）一组尺寸：用以确定零件在制造和检验时所需要的全部尺寸。

（3）技术要求：零件在制造、检验时应达到的技术指标和要求，如表面粗糙度、尺寸公差、材料热处理及其他特殊要求等。

（4）标题栏：填写零件的名称、数量、材料、比例、图号以及责任签署等。

2. 零件的结构

零件的结构形状是根据零件在机器中的作用和制造工艺、造型美学等方面的要求确定的。它分为功能结构和工艺结构。

零件的功能结构主要指包容、支承、连接、传动、定位、密封等方面的构形，它是由机器或部件的功能所决定的。

零件的工艺结构是在加工制造或设计时，为保证零件质量或装配要求所产生的细部构型。如以下常见的工艺结构：

（1）起模斜度。铸造零件及塑料零件在制作时，为了便于将模样从砂型或模具中取出，一般沿脱模方向做出斜度，称为起模斜度，如图 6-4(a) 所示。相应的铸件或塑件上也有起模斜度，如图 6-4(b) 所示。

为了保证铸件或塑件的制造质量，防止各部分因冷却速度不同而产生组织疏松以致出现缩孔和裂纹，要求壁厚均匀或逐渐变化。

（2）圆角。设计时铸件或塑件的转角处应有圆角，如图 6-4 所示；机加工的轴肩处常留下圆角，如图 6-5(a) 所示的尺寸 $R5$ 处。零件中的相同圆角尺寸半径，常在技术要求中用"未注圆角"加以说明。

由于圆角的出现，铸件或塑件表面的相贯线和截交线变得不太明显，为了区分不同的表面，用过渡线代替两面交线，并且过渡线不应与圆角轮廓线接触，线型为细实线，如图6-6 所示。

（3）倒角。在轴端、孔端和台阶处用刀具切削出小锥面，这种结构就是倒角。常用倒角为 45°。如图 6-5(a) 所示的 $C2$ 注法（C 表示 45°，2 为轴向尺寸）；倒角也可用 60° 或 30° 倒角，此时应标注为图 6-5(b) 所示形式。

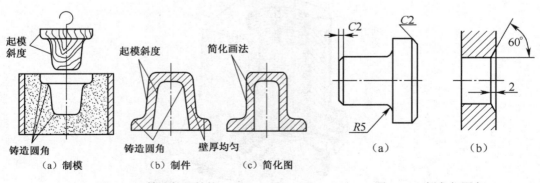

图 6-4　铸造件的结构　　　　　　图 6-5　倒角与圆角

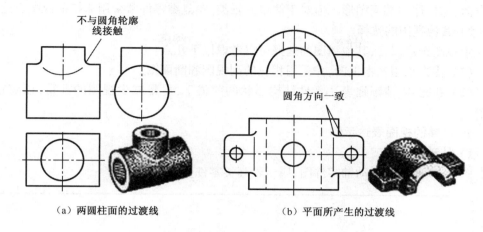

图 6-6 过渡线画法

3. 零件图的视图选择

零件的视图选择是在分析零件结构形状的基础上,利用第 5 章所学的"物件表达方法",选用一组图形将零件全部结构形状正确、完整、清晰、简洁地表达出来。

1) 主视图的选择

主视图是零件图中最重要的视图,主视图选择是否合理,直接关系到看图和画图是否方便。在选择主视图时,应考虑以下两个方面。

(1) 零件的放置位置。

① 零件的加工位置是指零件被加工时在机床上的装夹位置。轴套、轮盘类等回转体零件,主要是在车床或外圆磨床上加工,在选择主视图时,应尽量符合加工位置,即轴线水平放置,如图 6-7 所示。

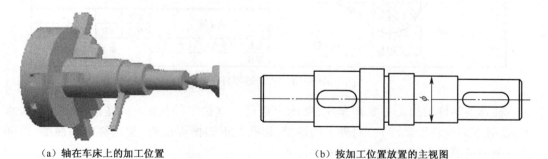

图 6-7 轴套类零件的主视图

② 零件的工作位置是指零件在机器或部件中工作时所处的位置。箱壳、叉架类零件加工工序较多,加工位置经常变化,因此,这类零件常按工作位置放置。某些工具或器件的主视图常按自然位置放置,如扳手、杯子等。

(2) 主视图的投射的方向。

当确定了零件放置位置后,应选择最能反映零件主要结构和形状特征的方向作为投射方向,如柱体的端面图形。但对于简单的轴类、轮盘类零件常采用非特征视图表达。

2) 其他视图的选择

主视图选定以后,其他视图的选择可以考虑以下几点:

(1) 优先采用基本视图,并采用相应的剖视图和断面图。

(2) 在完整、清晰地表达零件结构形状的前提下,尽量减少视图的数量,以免重复、烦琐。

4. 零件的视图表达示例

1) 从动轴

图 6-8 所示为从动轴零件图,属于轴套类零件。

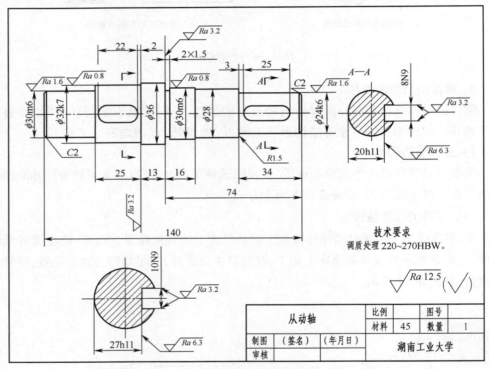

图 6-8 从动轴零件图

轴套类零件的加工主要在车床、磨床上进行。这类零件只需一个基本视图(轴线水平,投射方向垂直于轴线)。对轴上的键槽、销孔及退刀槽等结构,常用移出断面图、局部剖视图和局部放大图表示。

2) 扳手

图 6-9 所示的扳手,可以归属于叉架类零件。采取自然摆放位置时作主视图方向,扳手的形状特征主要用俯视图来体现,另外选择了断面图,来表达手柄中部凹陷的深度与宽度。

3) 烟灰缸

如图 6-10 所示的右下角处为烟灰缸立体图,为铸造件或注塑件,为壳体箱形类结构。

主视图按自然位置放置,因外形简单,故采用全剖视图表达内部结构。由于该器件侧壁内收,使形状变得复杂,故采用了主、俯、左视图表达,如图6-10所示。

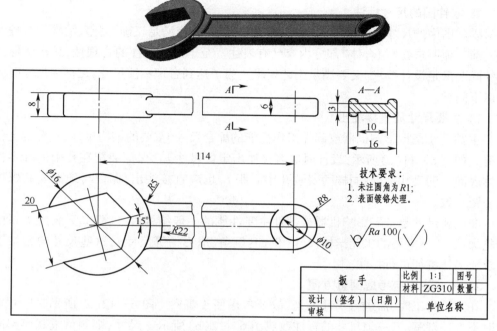

图6-9 扳手立体图与零件图

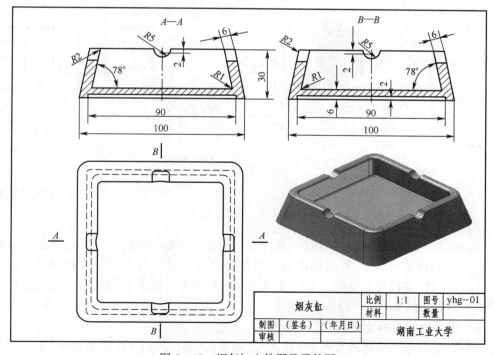

图6-10 烟灰缸立体图及零件图

6.2 零件图的尺寸与技术要求

1. 零件图的尺寸标注

零件图中的尺寸是零件加工、测量和检验的依据,应满足正确、完整、清晰和合理的要求。前三项要求在"组合体"部分内容已有表述。至于尺寸标注的合理性,是指所标注的尺寸既要满足设计要求,又要满足工艺要求。为了达到合理标注尺寸,在标注尺寸时应注意以下问题。

1) 主要尺寸需直接注出

主要尺寸是指影响机器或部件工作性能的配合尺寸、重要的结构尺寸、重要的定位尺寸等。如图 6-11(a)所示,设计时应直接注出定位尺寸 h_1,保证装配在孔中的轴零件距座体底面高度尺寸准确;同样两安装孔中心距 l_1 也应直接注出,保证与地面安装螺栓的中心距一致。

非主要尺寸是指不影响机器或部件主要性能的一般结构尺寸,例如无装配关系的外形轮廓尺寸、不重要的工艺结构尺寸(例如:倒角、退刀槽等尺寸),这些尺寸通常按工艺要求或形体特征进行标注。

2) 尺寸注写应考虑测量方便

在零件加工时,需进行尺寸测量,故要考虑便于观察。图 6-12(a)所示 e 尺寸在测量时不方便观察,若将该尺寸的标注改成图 6-12(b)所示 g 尺寸,则测量或观察起来就方便多了。

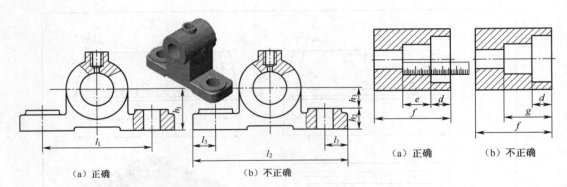

图 6-11　主要尺寸直接注出　　　　图 6-12　尺寸标注应便于测量

3) 避免出现封闭的尺寸链

尺寸同一方向串连并首尾相接,会构成封闭的尺寸链,如图 6-13(a)所示。如果按 a、b、c 尺寸顺序进行加工,可能出现加工的累计误差超过 d 尺寸的设计许可值。故在正确标注尺寸时,需将最次要的一个尺寸不注(称开口环),如图 6-13(b)所示,或注成带括号的参考尺寸,如图 6-13(c)所示。

4) 零件上常见典型结构的尺寸注法

倒角、退刀槽尺寸注法见表 6-1;光孔、埋头孔、沉孔的尺寸注法见表 6-2。

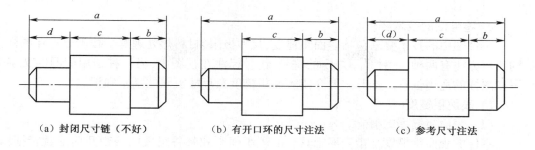

(a) 封闭尺寸链（不好）　　(b) 有开口环的尺寸注法　　(c) 参考尺寸注法

图 6-13　尺寸注法

表 6-1　倒角、退刀槽的尺寸注法

结构名称	尺寸标注方法	说明
倒角	（C2 示意图）	一般 45°倒角按"C 轴向尺寸"注出。30°或 60°倒角，应分别注出宽度和角度
退刀槽	（2×φ8、2×1 示意图）	一般按"槽宽×槽深"或"槽宽×直径"注出

表 6-2　各种孔的尺寸注法

类型	旁注法	普通注法	说明
光孔	4×φ4▼10	4×φ4▼10	四个直径为 4，深度为 10，均匀分布的孔
埋头孔	6×φ7　⌵φ13×90°	6×φ7　⌵φ13×90°	锥形埋头孔的直径 φ13，锥角 90°，均需标注
沉孔	4×φ6.4　⌴φ12▼4.5	4×φ6.4　⌴φ12▼4.5	柱形沉孔的直径 φ12，深度 4.5，均需标注

符号说明：▼表示孔深度；⌴表示沉孔或锪平；⌵表示埋头孔

2. 零件图的技术要求

零件图中的技术要求包括表面粗糙度、尺寸极限、材料热处理等。技术要求在图样中的表示方法有两种，一种是用规定的符号、代号标注在视图中，另一种是用简明的文字书写在图样的适当位置。本节主要介绍表面粗糙度及尺寸极限的基本知识。

1) 表面粗糙度

(1) 表面粗糙度的概念。

零件的表面粗糙度是指表面上具有的较小间距和峰谷组成的微观几何形状特征，如图 6-14(a)所示，看上去光滑的零件表面，经放大观察发现有微量高低不平的痕迹。

表面粗糙度是衡量零件表面质量的一项重要技术指标。它对零件的配合性质、耐磨性、抗蚀性、密封性等都有影响。

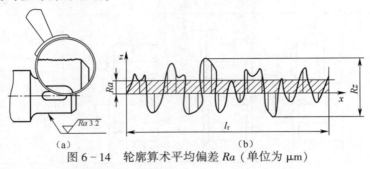

图 6-14 轮廓算术平均偏差 Ra（单位为 μm）

(2) 表面粗糙度的参数及其数值。

评定表面粗糙度的主要参数有两种(GB/T 3505—2000)：轮廓算术平均偏差 Ra、轮廓最大高度 Rz。两项参数中，优先选用 Ra 参数。

轮廓算术平均偏差 Ra 是指在取样长度 l_r（用于判别具有表面粗糙度特征的一段基线长度）内，轮廓偏差 z（表面轮廓上点至基准线的距离）绝对值的算术平均值，如图 6-14 所示。可用下式表示：

$$Ra = \frac{1}{l_r} \int_0^l |z(x)| \, dx \approx \frac{1}{n} \sum_{i=1}^n z_i$$

很明显，Ra 的值越小，零件表面越光滑。

(3) 表面粗糙度的标注。

国家标准(GB/T 131—2006)规定了表面粗糙度的符号、代号及在图样上的标注。表面粗糙度代号由符号及相应粗糙度值构成。

① 表示零件表面粗糙度的符号及意义见表 6-3。

表 6-3 表面粗糙度符号及意义

符　号	含　义
∨	基本图形符号(简称基本符号)，表示未指定工艺方法的表面，仅用于简化代号的标注，没有补充说明时不能单独使用
∀	完整图形符号，表示用去除材料方法获得的表面，如机械加工的车、刨、铣、磨等
⌀	完整图形符号，表示用不去除材料方法获得的表面，如铸、锻、冲压、轧制等

② 表面粗糙度图形符号的画法如图6-15(a)所示。图中 H_1 约为字母高的1.4倍，H_2 约为字母高的3倍。

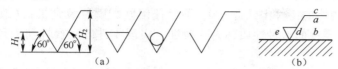

图 6-15　表面粗糙度的图形符号

③ 表面粗糙度代号。在表面粗糙度符号中，按功能要求加注一项或几项有关规定后，称表面粗糙度代号，如图6-15(b)所示。其中字母"a"、"b"区域中注写的内容如下。

位置 a：注写表面结构的单一要求。
位置 a 和 b：注写表面结构的两个或多个要求。
表6-4是部分表面粗糙度代号及意义。

表 6-4　表面粗糙度 Ra 的代号及意义

代号	意　义	代号	意　义
∇$Ra\ 3.2$	任何方法获得的表面粗糙度，Ra 的上限值为 $3.2\mu m$	∇$Ra\ 3.2$	用去除材料方法获得的表面粗糙度，Ra 的上限值为 $3.2\mu m$
∇$Ra\ 3.2$	用不去除材料方法获得的表面粗糙度，Ra 的上限值为 $3.2\mu m$	∇$URa\ 3.2$ $LRa\ 1.6$	用去除材料方法获得的表面粗糙度，Ra 的上限值为 $3.2\mu m$，Ra 的下限值为 $1.6\mu m$

④ 表面粗糙度代号在图样中的标注方法。

a. 在同一图样上，零件的每一表面一般只标注一次代(符)号，并按规定分别注在可见轮廓线、尺寸界线、尺寸线及其延长线上。

b. 符号尖端应由材料外指向加工表面。

c. 表面粗糙度参数值的大小、方向与尺寸数字的大小、方向一致。

表面粗糙度要求在图样中的标注方法，见表6-5。

表 6-5　表面粗糙度标注图例

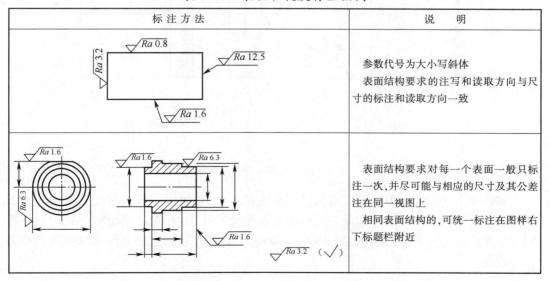

2) 极限与配合

(1) 零件的互换性。

从成批相同规格的零件中任选一个,不经任何修配就能装到机器(或部件)上去,并能满足使用要求,零件的这种性质称为互换性。实现零件的互换性前提是极限与配合制度的建立。

根据零件的工作要求,对零件的尺寸规定一个许可的变动范围,这个变动范围称为极限。极限与配合制度由国家标准制定(GB/T 1800.1—2009、GB/T 1800.2—2009)。

(2) 极限。

图 6-16 所示的轴和孔,分别注出了孔径和轴径的允许变动范围,如孔为 $\phi 30 \sim \phi 30.021$ 的允许变动范围即尺寸极限。图 6-17(a)、(b)的示意图即是对图 6-16(a)、(b)所示极限尺寸的图解。

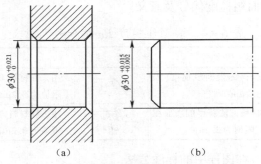

图 6-16 轴、孔的极限尺寸注法

下面以轴的尺寸 $\phi 30^{+0.015}_{+0.002}$、孔的尺寸 $\phi 30^{+0.021}_{0}$ 为例,对照图 6-17 把极限与公差的相关术语列于表 6-6。

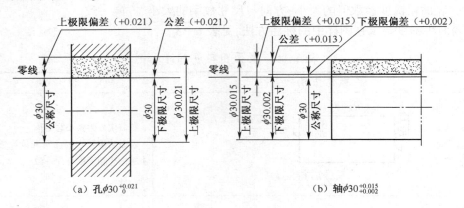

图 6-17 极限与公差示意图

零件图上的尺寸公差既可以用偏差值来直观表示,也可以用公差带代号来表示。如孔的公差带用大写字母的基本偏差代号加公差等级表示,如 $\phi 30H7$、$\phi 40N7$。轴的公差带则用小写字母加公差等级表示,如 $\phi 30k6$、$\phi 40m6$。它们可以通过查阅国家标准得到相关设计数据。

表 6-6 极限与公差相关术语

名称	解释	示例	
		轴 $\phi 30^{+0.015}_{+0.002}$	孔 $\phi 30^{+0.021}_{0}$
公称尺寸	由图样规范确定的理想形状要素的尺寸	$\phi 30$	$\phi 30$
实际尺寸	通过测量获得的某一孔、轴的尺寸		
极限尺寸	尺寸要素允许的两个极端		
上极限尺寸	尺寸要素允许的最大尺寸	$\phi 30.015$	$\phi 30.021$
下极限尺寸	尺寸要素允许的最小尺寸	$\phi 30.002$	$\phi 30$
偏差	某一尺寸减其公称尺寸所得的代数差		
上偏差(ES,es)	上极限尺寸减其公称尺寸所得的代数差	es：+0.015	ES：+0.021
下偏差(EI,ei)	下极限尺寸减其公称尺寸所得的代数差	ei：+0.002	EI：0
尺寸公差	上极限尺寸减下极限尺寸之差，或上偏差减下偏差之差，即尺寸的变动量	0.013	0.021
公差带图	由零线(表示公称尺寸的一条尺寸界限)和代表上、下偏差所确定的一个矩形区域所构成的图形 如右图示例，它能直观反映该尺寸所许可的变动量(如公差 0.021)或变动范围(如极限 30~30.021)	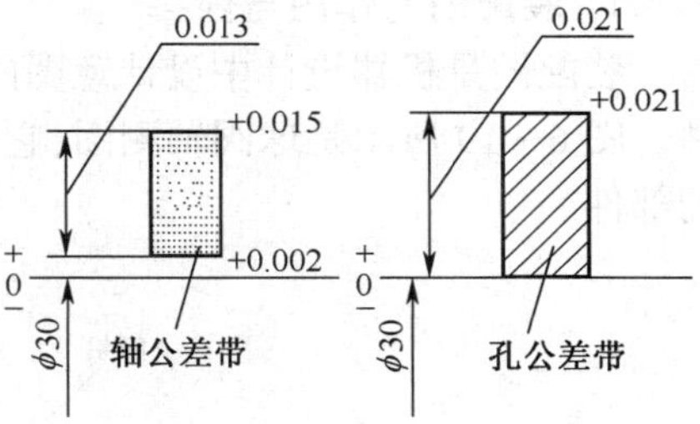 轴公差带	孔公差带

(3) 配合。

公称尺寸相等、相互结合的孔和轴公差带之间的关系称为配合。根据孔、轴配合松紧程度的不同，可将配合分为间隙配合、过盈配合和过渡配合三类。

① 间隙配合：具有间隙(包括最小间隙等于零)的配合，此时孔的公差带总位于轴的公差带之上，如图 6-18(a)所示。

② 过盈配合：具有过盈(包括最小过盈等于零)的配合，此时孔的公差带总位于轴的公差带之下，如图 6-18(b)所示。

③ 过渡配合：可能具有间隙也可能具有过盈的配合，此时孔的公差带和轴的公差带相互交叠，如图 6-18(c)所示。

图 6-17 所示轴和孔的公差带关系体现在表 6-6 右下方的图中，属于图 6-18(c)所示类型，为过渡配合。

装配图中的配合代号，常用分数形式表示，分子为孔的公差带代号，分母为轴的公差带代号，如 $\phi 30H7/k6$(过渡配合)，$\phi 25H8/f8$(间隙配合)。

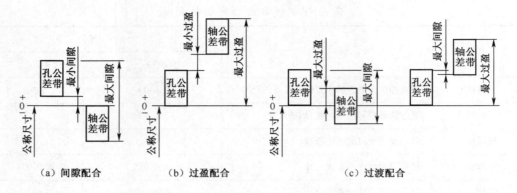

图 6-18　三类配合中孔、轴公差带的关系

6.3　装配图的内容与视图表达

装配图是表达机器或部件工作原理、零件间的装配关系的图样。表达一台完整机器的装配图，称为总装配图(总图)，表达机器中某个部件(或组件)的装配图，称为部件装配图。本章主要讲解部件装配图。

1. 装配图的作用与内容

装配图是机器设计中设计意图的反映，是机器设计、制造以及技术交流的重要技术文件。图 6-19 所示是球阀轴测图，它是由 11 种规格的零件所组成的用于启闭和调节流量的部件。

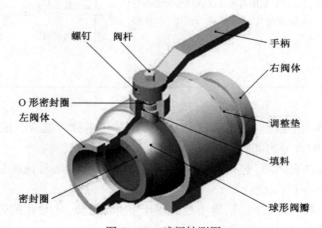

图 6-19　球阀轴测图

图 6-20 是球阀装配图，由该图可知，装配图包括以下四方面内容。

(1) 一组图形：用一组图形清晰地表达机器或部件的工作原理、零件间的装配关系及零件的主要结构形状。

(2) 必要的尺寸：标注出反映机器或部件的性能、规格、外形以及装配、检验、安装时所必需的一些尺寸。

(3) 技术要求：常用规定符号或文字表示机器或部件的性能、装配、使用、维护要求等,一般书写在标题栏左方或上方。

(4) 标题栏、序号和明细栏:标题栏用于填写机器或部件名称、绘图比例、有关责任人签名等,序号用于标明装配图上每一种规格的零件,并按一定格式在明细栏中填写。

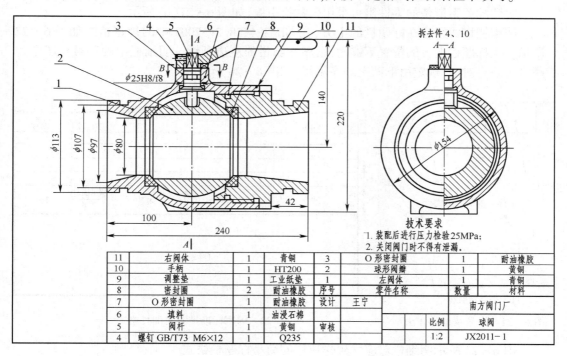

图 6-20 球阀装配图

2. 装配图的尺寸、序号及明细栏

1) 装配图的尺寸

装配图一般注写以下几类尺寸,如图 6-20 所示。

(1) 性能尺寸(规格):如球形阀瓣 2 的孔径 $\phi 80$,它表明了通过流体的能力。

(2) 装配尺寸:如尺寸 $\phi 25 H8/f8$(属间隙配合),反映了 1、5 号零件的装配松紧程度。

(3) 安装尺寸:如 42、$\phi 113$ 为安装尺寸,表示将机器或部件与其他部件相连接,或安装在地基上时所需要的尺寸。

(4) 外形尺寸:如 220、240、$\phi 154$ 为外形尺寸,也称总体尺寸。它是表示机器或部件外形长、宽、高的总体尺寸,是机器或部件在包装、运输和安装过程中确定其所占空间大小的依据。

(5) 其他重要尺寸:如水平尺寸 100 应为其他重要尺寸。

在装配图的尺寸标注中并不一定要包含上述五类尺寸,需依据实际情况而定。

2) 装配图的序号和明细栏

序号是对装配图上每一种规格的零件编写的号码,同种规格的零件或部件(如滚动轴承)只能给一个序号。如图 6-20 所示。

序号要按顺时针(或逆时针)方向水平或垂直对齐排列,序号的字号比尺寸字号大 1 号或 2 号。

序号的指引线是从某一零件中引出,在零件的引出处标有小黑圆点,引出线末端画水平短线或小圆圈(也可不画)。在一张图样中只能采用其中一种形式,序号应填写在水平短线上或小圆圈内,如图 6-21(a)所示。

对装配关系清楚的零件组可采用公共指引线,如图 6-21(b)所示。

明细栏格式续接在标题栏的上方,在 GB/T 4458.2—2003 中的规定格式如图 6-22 所示。当标题栏上方的位置不够时,紧靠标题栏的左边延续。明细栏中的序号与图中的序号应一一对应,规定由下而上顺序填写,如图 6-20 所示。

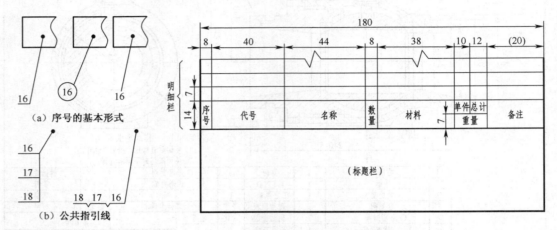

图 6-21 序号及编排方法　　图 6-22 国家标准推荐明细栏格式

图 6-23 所示明细栏对应学生作业用的简易标题栏格式。

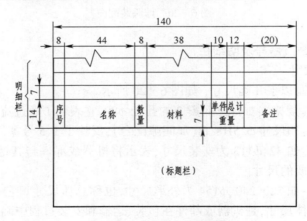

图 6-23 学生作业用明细栏

3. 装配图的表达方法

国家标准《机械制图》对机器或部件的表达不仅采用机件的表达方法,而且增加了规定画法和特殊画法。

1) 装配图的规定画法

滑动轴承立体图及装配图如图 6-24 和图 6-25 所示。下面以图 6-25 为例,来说明装配图画法的基本规则。

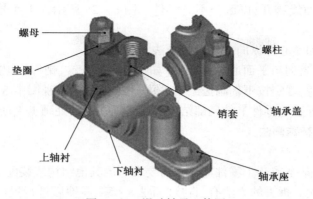

图 6-24 滑动轴承立体图

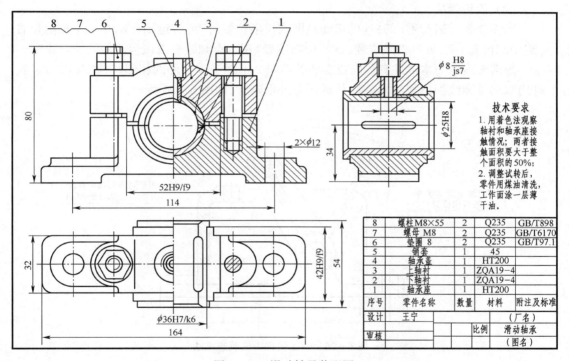

图 6-25 滑动轴承装配图

(1) 接触面(或配合面)和非接触面的画法。

公称尺寸相等的轴孔配合面,只画一条线。图 6-25 所示的主视图上的 3、4 零件共圆弧轮廓;两相邻零件的接触面,也只画一条线表示其公共轮廓,如主视图上的 6、7 零件接触面。

相邻两零件的非接触面或非配合面,应画两条线表示各自轮廓。即使间隙很小也必须画两条线。图 6-25 所示主视图上的 1、4 零件在铅垂方向有间隙,属非接触面。

(2) 剖面线的画法。

同一装配图中,同一零件的剖面线方向应相同,间隔应相等;相邻两零件的剖面线方向应相反或方向相同而间隔不等。如两个以上零件相邻时,可改变第三个零件剖面线的间隔或使剖面线错开,以区分不同零件。图 6-25 所示为 1、4 号零件主、左视图中的画法。

(3) 标准件和实心件纵向剖切时的画法。

在装配图中,当剖切平面通过标准件(如螺栓、螺母、键、销等)和轴、连杆等实心件的对称平面或轴线时,规定按不剖画法绘制,图 6-25 所示为主视图中 6、7、8 件在半剖中的表达。但当只剖开这些零件上的局部结构时则必须在剖切处画上剖面线。

2) 装配图的特殊画法

(1) 拆卸画法。

在装配图中,某个或几个零件遮住了需要表达的其他结构或装配关系,则可假想将它们拆去后进行表达。拆去的方法有:直接"拆去××等"零件后进行投影表达,或沿两零件间的结合面剖切之后进行投影表达。如图 6-25 所示的俯视图采用了该画法。

(2) 假想画法。

当需要表示运动零(部)件的运动范围或极限位置时,可将运动件画在一个极限位置(或中间位置)上,另一极限位置(或两极限位置)用双点画线画出该运动件的外形轮廓。

当需要表示与本部件有装配或安装关系但又不属于本部件的相邻其他零(部)件时,可用双细点画线画出相邻零(部)件的部分外形轮廓,如图 6-26 所示。

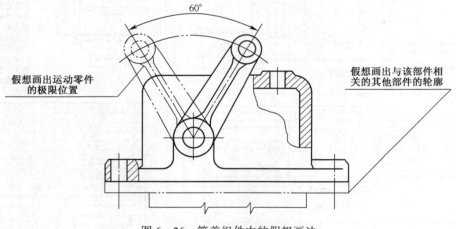

图 6-26 箱盖组件中的假想画法

(3) 夸大画法。

对于装配图上的薄片零件、细丝弹簧或较小的斜度和锥度、微小的间隙等,当无法按实际尺寸画出或者虽能如实画出但不明显时,可将其夸大画出,使图形清晰。如图 6-27 中的"小间隙夸大画法"。

(4) 简化画法。

① 若干相同的零件组(如螺栓连接组件、螺钉连接件等),允许仅详细画出一处,其余各处以点画线表示其中心位置。

② 零件的工艺结构如小圆角、倒角、退刀槽等允许不画出。

③ 滚动轴承允许采用规定画法、特征画法或通用画法,但同一图样中只允许采用一种画法,如图 6-27 所示。

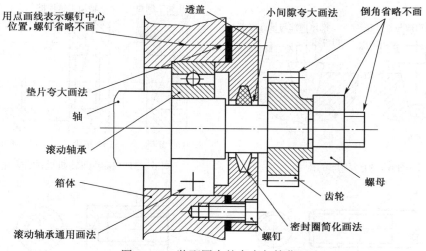

图 6-27 装配图中的夸大与简化画法

6.4 典型装配结构画法

1. 装配工艺结构的画法

在设计及绘制装配图时,应确定合理的装配工艺结构并正确表达。

1) 两零件在同一方向只留一对接触面

两零件在同一方向上(横向或竖向)只用一对接触面或配合面,这样既能保证接触良好,又能降低加工要求,否则将造成加工困难,如图 6-28、图 6-29 所示。

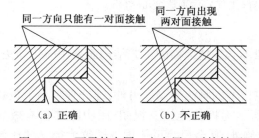

图 6-28 两零件在同一方向用一对接触面

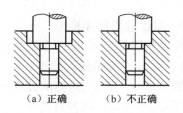

图 6-29 轴颈与孔的配合

由于一对锥面的配合可同时确定轴向和径向的位置(相当于轴向和径向各有一对接触面),因此当锥孔不通时,锥体下端与锥孔底部之间要留出间隙,如图 6-30 所示。

2) 零件两接触面转折处不允许发生干涉

为保证零件在两表面转折处不影响与另一零件的良好接触,应在转折处做成倒角、圆角或凹槽,以保证两个方向的接触面均接触良好,如图 6-31 所示。

2. 螺纹紧固件连接(装配)画法

1) 螺纹连接画法规定

国家标准规定:以剖视表示内外螺纹旋合时,旋合部分按"外螺纹"画出,大、小径分别对齐。其他部分按各自原来的画法绘制。图 6-32 所示为螺纹连接画法。

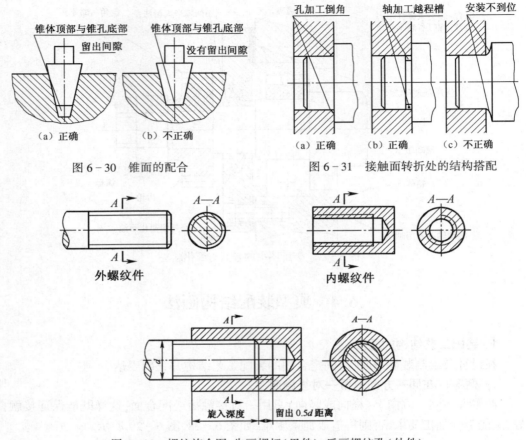

图 6-30 锥面的配合

图 6-31 接触面转折处的结构搭配

图 6-32 螺纹旋合图：先画螺杆（里件）、后画螺纹孔（外件）

2）螺纹紧固件连接图

螺纹紧固件是标准件，在画装配图时一般不必表达他们的工艺结构而采用简化画法。

（1）螺栓连接图比例画法。

如图 6-33 所示，对标准件纵向剖切规定按不剖画法绘制。另外，螺杆直径小于板孔直径尺寸，要分别画出各自轮廓。图 6-34 所示为螺栓连接三视图，图中除螺栓有效长度、两被连接板厚度 δ_1、δ_2 是根据实际尺寸绘制外，其余尺寸可依据与螺纹大径 d 的比例关系确定。

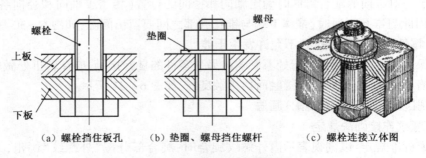

图 6-33 螺栓连接剖视图画法

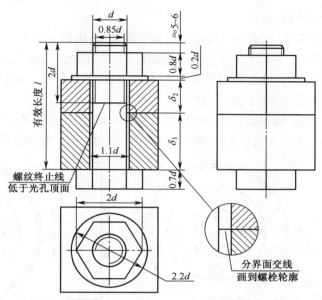

图 6-34　螺栓连接三视图比例画法

(2) 螺柱连接图比例画法。

双头螺柱的有效长度(公称长度)l 是指双头螺柱上无螺纹部分长度与螺柱紧固端长度之和,而不是双头螺柱的总长。图 6-35 中除 l、b_m、δ 按设计要求确定尺寸外,其余尺寸都可依据与螺纹大径 d 的比例关系绘制。

其中,主视图中旋入端 b_m 的尺寸根据设计要求查表确定,该段螺纹终止线要与两板接触面轮廓线重合,表明螺柱已拧紧。上板块光孔与螺柱间存在间隙;下板块与螺柱为旋合画法。

(3) 螺钉连接图比例画法。

如图 6-36 所示,除 b、b_m、δ 按设计要求确定尺寸外,其余尺寸都可按比例绘制。注意,主视图中上板块光孔与螺钉间存在间隙,且螺纹终止线应在两板块接触面轮廓线的上方;下板块与螺钉为旋合画法;俯视图中的一字槽规定按 45°绘制,槽宽太小时可按涂黑表达。

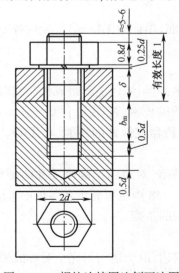

图 6-35　螺柱连接图比例画法图

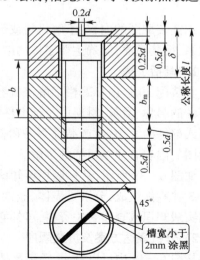

图 6-36　螺钉连接图比例画法

3. 齿轮啮合(装配)画法

在标准安装情况下,两齿轮啮合在分度圆(节圆)处相切。图 6-37 为两标准圆柱齿轮的啮合画法。图 6-37(a)中的主视图为剖视画法,在轮齿啮合区,因轮齿轮廓存在遮挡关系,故有一齿轮的齿顶线需用虚线绘制,啮合区共有五条线。在投影为圆的视图中,两细点画线绘制的分度圆(节圆)必须相切。

图 6-37(b)为视图画法,在非圆视图啮合处,是由两齿轮分度圆(节圆)相切位置画出其表面相交轮廓线,在投影为圆的视图中两分度圆(节圆)相切,啮合区的齿顶圆可以省略。

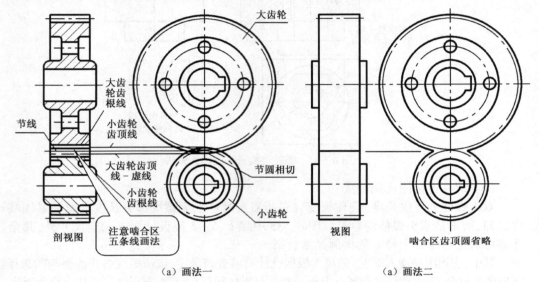

(a) 画法一　　　　　　　　　(a) 画法二

图 6-37　直齿圆柱齿轮啮合(装配)画法

6.5　装配图的识读

识读装配图的内容:了解机器或部件的名称、性能、用途和工作原理,分析各零件的装配关系、拆装顺序,明确主要零件的结构形状和作用。

1) 概括了解

看装配图时,由标题栏了解该机器或部件的名称;由明细栏了解组成机器或部件的各种零件的名称、数量、材料以及标准件的规格;由画图的比例、视图大小和外形尺寸,了解机器或部件的大小;由产品说明书和有关资料,了解机器或部件的性能、功用等。从而对装配图的内容有一个概括的了解。

如图 6-38 所示,从标题栏可知该部件名称为茶壶,对照图上的序号和明细栏,可知它由 3 种零件组成,分别是壶体、壶盖、滤杯。从图 6-38 中也可看出各零件的大致形状,根据实践知识或查阅有关资料,可知它是用开水泡茶的茶壶。

2) 分析表达方案及拆装顺序

从图 6-38 中可以看出,该装配体仅由主视图表达,由于结构不完全对称故采用了局部剖,且按其工作位置放置,并选定各基本体结构投影图不重合在一块的投射方向。

第6章 工程图样简介

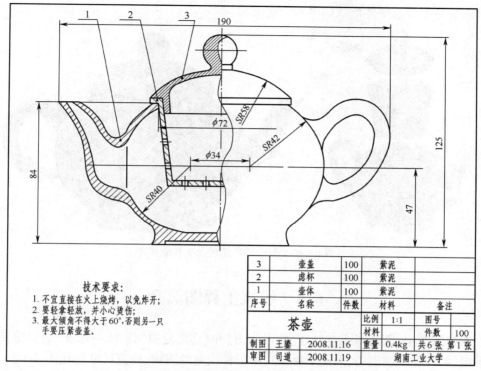

图 6-38 茶壶装配图

通常茶壶只有一个出水嘴和一个把手,且处在两侧对面位置,故该表达方案没再增加一个俯视图来说明它们的位置情况。

零件拆下的顺序对照图 6-38 可看出,首先从上方取出 3 号件,然后再从上方取出 2 号件,最后得到 1 号件壶体。

3)拆画零件视图

拆分零件是利用件号和同一零件剖面线一致性、零件名称所指形状等,把某一个零件的视图范围划分出来,再根据三等关系找出其他视图上的范围,然后经综合分析想象出该零件形状,绘制出该零件视图。下面以 2 号件为例来说明拆画零件图的过程。

利用图 6-38 中 2 号件剖面线区域及重要尺寸 $\phi 72$ 可知,它是薄壁圆锥面筒体结构,底部为封口,可分离出图 6-39(a);又以中间轴线对称线可获得图 6-39(b);它的上部为了进水及放入茶叶应为开口,故顶面轮廓需补上,如图 6-39(c)所示。

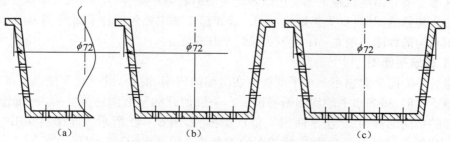

图 6-39 拆画滤杯分析过程

茶壶各零件及整体形状如图6-40所示。

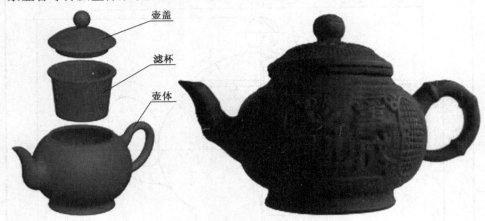

图6-40 茶壶零件建模及实物立体图

6.6 建筑工程图简介

在建筑图中,所用图线应符合《技术制图》和《房屋建筑制图统一标准》的国家标准相关规定,如在建筑制图中,采用了粗、中、细三种线宽的图线,线宽尺寸之比为4∶2∶1,并规定粗实线表示主要可见轮廓线,中实线和细实线表示可见轮廓线,中虚线、细虚线表示不可见轮廓线,其他图线的含义与机械图中的线型含义基本相同,详见《建筑制图》国家标准说明。

1. 房屋的结构

对图6-41所示厂房的结构说明如下:
(1) 支撑载荷作用的承重结构,如基础(地基、地板)、柱、墙、梁、楼板等。
(2) 防止外界自然的侵蚀或干扰的围墙结构,如屋面、外墙、雨篷等。
(3) 沟通房屋内外与上下的交通结构,如门、走道、楼梯、台阶等。
(4) 保护墙身的排水结构,如挑檐、天沟、雨水管、勒角、明沟等。
(5) 通风、采光、隔热用的窗户、隔热层等。
(6) 起安全和装饰作用的扶手、栏杆、女儿墙等。

2. 建筑图

这里主要介绍建筑施工图。用以表达房屋的总体布局、内外形状、大小及建筑节点细部构造和装修的图样,称为建筑施工图。建筑施工图主要包括总平面图、平面图、立面图、剖面图和构造详图。图6-41所示为某厂房建筑图。

1) 建筑平面图

建筑平面图是假想用一水平剖切面在房屋的门洞、窗台处切断,并把以上部分移走,然后向下投射,得到水平剖切的俯视图。在一层切开的平面图称为"一层平面图",在二层切开的平面图称为"二层平面图",依次类推,如图6-42所示。同楼层共用一个平面图,称为"标准层平面图"。规定建筑图的图名及采用的比例写在图形的下方。

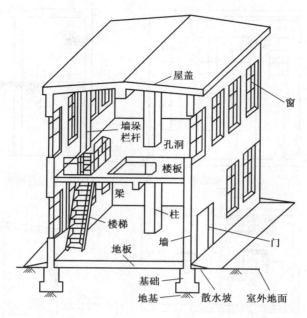

图 6-41　某厂房建筑图

建筑平面图主要表示房屋的平面形状、大小、朝向,各房屋间的分隔布置情况,内外入口、走道、楼梯等交通联系,墙、柱、门的位置等。

2) 建筑立面图

建筑立面图是平行于房屋某一墙面的投影面所画的视图,可用定位轴线号来命名。在建筑图中,用定位轴线来确定房屋的墙、柱、屋架等主要承重构件位置,并作为标注尺寸的基线。定位轴线需要编号,水平方向的编号采用阿拉伯数字,如图 6-42 中的"一层平面图"所示,由左向右依次填写在圆圈内;竖直方向的编号采用大写的拉丁字母,由下往上依次填写在圆圈内。

如图 6-42 中的"①—③立面图",也可按方向来命名,如"南立面图"。

3) 建筑剖面图

建筑剖面图是假想用一个或几个正平面或侧平面,沿铅垂方向把房屋剖开绘制的剖面图。如图 6-42 中的"1—1 剖面图"。

在剖面图和立面图上,只注写墙(两端)的定位轴线编号。

4) 建筑图尺寸注写

房屋某一部分的相对高度尺寸,称为标高尺寸。剖面图上只标注地面、楼板面及屋顶面的标高尺寸。标高尺寸以 m 为单位,一般要保留小数点后三位,只注数值,不写出单位。其标注的形式如图 6-42 中"2—2 剖面图"所示。

建筑平面图尺寸注写采用 mm 单位,建筑图的外墙尺寸要注写成封闭的,其标注的一般形式如图 6-43 所示。平面图外墙尺寸分三道标注,最外侧是外包尺寸,注写建筑物总长、总宽;中间是定位轴线尺寸,表明开间和进深的大小;最里一道是门、窗、孔洞等详细尺寸。

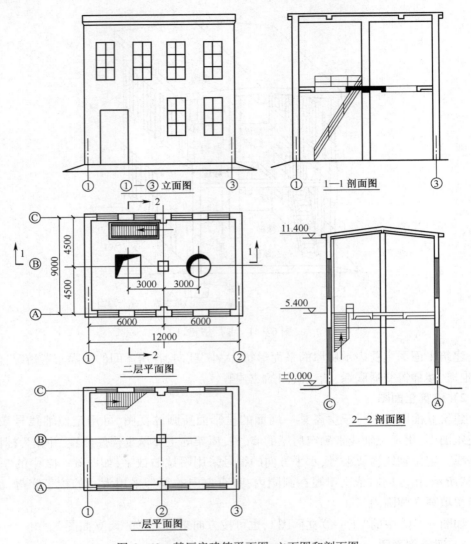

图 6-42 某厂房建筑平面图、立面图和剖面图

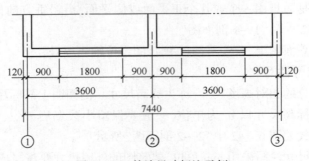

图 6-43 外墙尺寸标注示例

在建筑制图中还应熟悉常用建筑材料图例、房屋建筑施工图中常用的符号、管道表示法、控制元件符号等,以便更好地看懂建筑施工图、结构施工图和设备施工图。

第 7 章　表面展开图

在生产和生活中经常遇到由板材制成的产品(见图 7－1),如抽油烟机的外壳、生产中的变形接头、各种包装纸盒等。制造这类产品时,先要画出相应的展开图,然后根据图样下料,经过弯、折、卷成型,最后将其焊接、铆接、粘合而成。

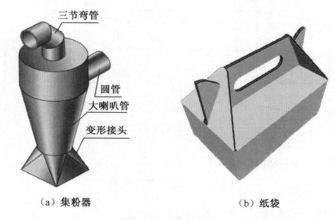

(a) 集粉器　　　　　　　　(b) 纸袋

图 7－1　薄板制件

立体表面的展开就是把围成立体的表面,依次连续地平摊在一个平面上。立体表面展开后所得的平面图形称为展开图。图 7－2 为圆锥管表面的展开过程及其展开图。

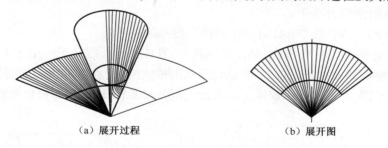

(a) 展开过程　　　　　　　　(b) 展开图

图 7－2　圆锥管表面的展开

物体表面根据其几何性质可分为可展面和不可展面两大类。平面立体的表面都是平面,是可展的。曲面立体中直纹曲面如圆柱面、圆锥面等属于可展曲面,其他的曲面如球面和圆弧回转面是不可展面。

本章只介绍可展表面的作图方法(不考虑生产过程中的板厚、工艺等因素)。

对于可展面来说,其作图方法如下:

(1) 求出物体表面上一些线段的实长。

(2) 画出物体表面的实形。

7.1 平面立体表面的展开

平面立体的表面都是平面多边形,所以表面展开实质是求出属于立体表面的所有多边形实形,并按一定的顺序排列摊平。常用的有棱柱面和棱锥面的展开。

1. 棱柱侧棱面的展开

【例 7-1】 求作图 7-3(a)所示三棱柱侧面的展开图。

解:(1)分析。三棱柱斜切后的三个棱面都是梯形,三条棱线在主视图上反映实长,三条底边在俯视图上反映实长,所以三个棱面均可展开画出。

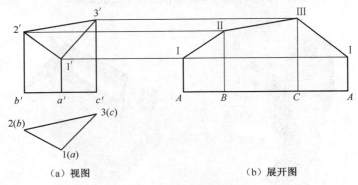

(a) 视图 　　　　　(b) 展开图

图 7-3　三棱柱侧面的展开

(2) 作图过程如下,如图 7-3(b)所示。
① 将棱柱底面展成一直线 AA,令 AB、BC、CA 分别等于 ab、bc、ca。
② 由 A、B、C、A 向上作垂线,并在垂线上截取各棱线的实长,即得端点 Ⅰ、Ⅱ、Ⅲ、Ⅰ。
③ 用直线依次连接这些端点,即得三棱柱侧面的展开图。

2. 棱锥侧棱面的展开

【例 7-2】 求作图 7-4(a)所示四棱台侧面的展开图。

解:(1)分析。如图 7-4(a)所示的四棱台,其棱线延长后交于一点 S,形成一个四棱锥。因为棱锥的棱面都是三角形,所以只要求出棱线实长,就可求出它们的实形,便得到四棱锥的展开图,然后在各条棱线上减去延长部分的实长,即得到四棱台侧面的展开图。

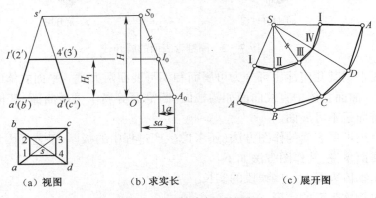

(a) 视图　　　　　(b) 求实长　　　　　(c) 展开图

图 7-4　四棱台侧面的展开

(2) 作图过程如下：

① 利用直角三角形法求出棱线的实长 S_0A_0（四条棱线等长），在 OS_0 上，量取四棱台的高 H_1，并作水平线与 S_0A_0 交得 I_0，则 S_0I_0 为延长的棱线的实长，如图 7-4(b) 所示。

② 以 S 为圆心、S_0A_0 为半径作圆弧，并在圆弧上截取 $AB=ab$，$BC=bc$，$CD=cd$，$DA=da$，并以直线相连，即得到完整四棱锥侧棱面展开图，如图 7-4(c) 所示。

③ 以 S 为圆心、S_0I_0 为半径作圆弧，与展开图各棱线分别交于 Ⅰ、Ⅱ、Ⅲ、Ⅳ、Ⅰ，以直线连接各点，则得四棱台侧棱面的展开图，如图 7-4(c) 所示。

7.2 可展曲面的展开及其应用

可展曲面为可准确地展成平面图形的曲面。可展曲面上相邻两素线互相平行或相交，最常见的是圆柱和圆锥。在对可展曲面作展开图时，可以将相邻两素线间的曲面当作平面来展开。因此，可展曲面的展开方法与棱柱、棱锥的展开方法类似。

1. 圆柱面的展开

【例 7-3】 求作图 7-5(a) 所示截头圆柱面的展开图。

解：(1) 分析。先按完整圆柱画出展开图，再减去截切部分，即为截头圆柱面的展开图。截头圆柱面各条素线在主视图上都反映实长，可利用各素线实长和类似于棱柱的展开方法画出截头圆柱面的展开图。

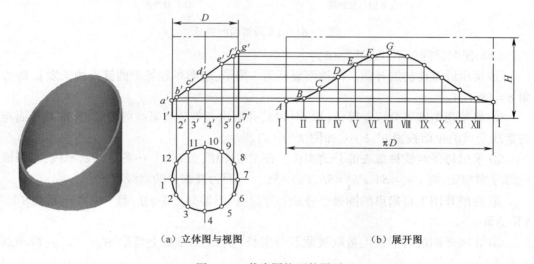

(a) 立体图与视图　　(b) 展开图

图 7-5　截头圆柱面的展开

(2) 作图过程如下（见图 7-5）：

① 画出圆柱面的展开图。圆柱面展开后为一矩形，矩形的高为 H、长为 πD，如图 7-5(b) 所示。

② 将俯视图圆周分成 n 等份（取 $n=12$），并在主视图上将各等分点的素线长度画出，如 $1'a'$，$2'b'$，…，如图 7-5(a) 所示。

③ 在展开图上将矩形也分成 n 等份，标出等分点 Ⅰ、Ⅱ、Ⅲ、…、Ⅺ、Ⅻ，画出 n 条

素线。

④ 自各等分点向上作垂线,量取相应的素线实长(如 $ⅠA = 1'a'$),得端点 A、B、C、…。

⑤ 将各端点连成光滑曲线,即得所求的展开图,如图 7-5(b)所示。

2. 圆锥面的展开

【例 7-4】 求作图 7-6 所示截头圆锥面的展开图。

解:(1)分析。先按完整圆锥画出展开图,再减去截切部分,即为截头圆锥的展开图。截头圆锥面上素线的实长需分别求出。

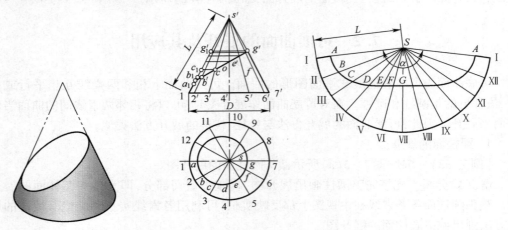

(a) 立体图与投影图　　　　　　(b) 展开图

图 7-6 截头圆锥面的展开

(2) 作图过程如下(见图 7-6):

① 画出圆锥面的展开图。圆锥面展开为一扇形,扇形半径等于圆锥素线长度 L,圆心角 $\alpha = 180D/L$。

② 将俯视图圆周分成 n 等份(取 $n=12$),并画出各等分点素线的投影,标出截平面与各素线交点的正面投影 a'、b'…,如图 7-6(a)所示。

③ 求出每条素线被截去部分的实长。在主视图中,过 b'、c'…各点作水平线,与圆锥轮廓分别相交,则 $s'a_1' = SA$,$s'b_1' = SB$,$s'c_1' = SC$,…,即为被截去的素线实长。

④ 在展开图上将扇形的圆弧也分成 n 等份,标出等分点 Ⅰ、Ⅱ、Ⅲ、…,画出素线 SⅠ、SⅡ、SⅢ、…。

⑤ 在展开图的各素线上量取被截部分实长(例如,在 SⅢ上量取 $SC = s'c_1'$),得端点 A、B、C、…。

⑥ 光滑连接各端点,即得斜截圆锥面的展开图,如图 7-6(b)所示。

3. 应用举例

【例 7-5】 求作图 7-7(a)所示异径三通管的展开图。

解:(1)分析。三通管由两个不同直径的圆管垂直相交而成,立体图如图 7-7(d)所示。由于相贯线是两圆柱的分界线,也是两管连接的部位,因此,画相贯两圆柱的展开图,应先在主视图上准确地画出相贯线的投影。

(2) 作图过程如下(见图 7-7):

① 作相贯线。作出主视图和左视图,准确画出相贯线,如图 7-7(a)所示。

② 作小圆管展开图。小圆管展开图的画法与斜口圆管展开图画法相同(见例 7-3),关键是要正确量取各素线的实长。小圆管表面的素线为铅垂线,在主视图上反映实长,将其平移到展开图的相应位置,便可得到相贯线上一系列点 Ⅰ、Ⅱ、Ⅲ、Ⅳ、…,如图 7-7(b)所示。光滑连接各点便得到相贯线的展开曲线。

③ 作大圆管展开图。作大圆管展开图的关键是画出相贯线的展开图。如图 7-7(c)所示,先作出完整大圆管的展开图(此处仅画一半);然后,将弧 1″4″展成直线 AD,即 AB = 1″2″,BC = 2″3″,CD = 3″4″;过 A、B、C、D 点作水平线,与过主视图上 1′、2′、3′、4′点所作的垂直线相交,得交点 Ⅰ、Ⅱ、Ⅲ、Ⅳ。同样可作出其余对称的各点。光滑连接这些点,即得到相贯线的展开图。

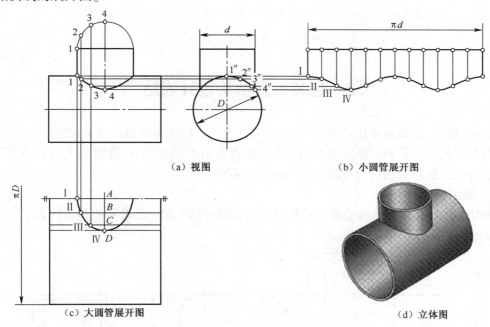

图 7-7 异径三通管的展开

【例 7-6】 求作图 7-8(a)所示的上圆下方的变形接头的展开图。

解:(1)分析。变形接头上端为圆柱面,下端为四棱柱面,中间为由圆变方的过渡形态,该部分表面可分解为四个三角形平面(如△AⅣB)和四个斜锥面(如△AⅠⅣ)。每个斜锥面又可近似地分为若干个小三角形。只要求出大小三角形各边的实长即可画出斜锥面的展开图。

(2) 变形接头中间部分的作图过程如下(见图 7-8):

① 在主、俯视图中作出平面与锥面的分界线,如图 7-8(a)中的 AⅠ(a1,a'1')和 AⅣ(a4,a'4')。

② 将每个锥面分成若干个小三角形,图中为 3 个。为了作图方便,将圆弧 ⅠⅣ 分为 3 等份。

③ 用直角三角形法,求出 AⅠ、AⅡ、AⅢ、AⅣ 各线段的实长,如图 7-8(b)所示。

④ 依次作出各三角形的实形,并将顶圆口展开的各点连成光滑曲线,即得到所求表

面的展开图,如图 7-8(c)所示。

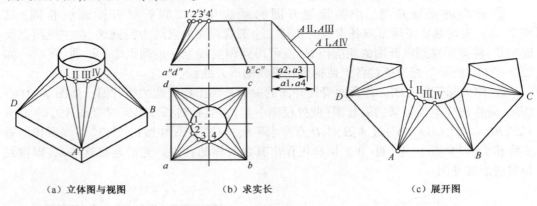

(a) 立体图与视图　　　　(b) 求实长　　　　(c) 展开图

图 7-8　变形接头的展开

7.3　包装纸盒结构设计表达

塑料、玻璃、金属是刚性容器,其结构的表达及尺寸标注可以参考机械制图。

包装纸盒在原料和成型方法上则与上述刚性容器有明显差异,在结构上有许多不同的特点,因此,纸包装结构设计的表达方法与众不同。

1. 绘图设计符号

图 7-9(a)是典型的折叠纸盒结构设计图,即展开图,图中的各种线型都代表了一定的意义。

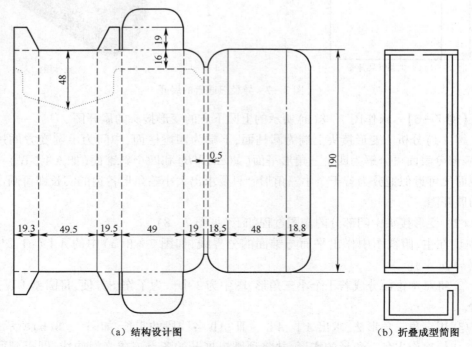

(a) 结构设计图　　　　　　　　(b) 折叠成型简图

图 7-9　管式折叠纸盒结构设计图

1) 裁切、折叠和开槽符号

表 7-1 为裁切、折叠与开槽符号的名称、线型、功能与应用范围。

表 7-1　裁切、开槽与折叠符号

名　称	线　型	功　能	应用范围
单实线	———————	轮廓线 裁切线	①轮廓切断 ②区域连续切断
双实线	═══════	开槽线	区域开槽切断
波纹线	～～～～～	波纹裁切线	①盒盖插入襟片边缘波纹切断 ②盒盖装饰波纹切断
单虚线	— — — — —	内折压痕线	①大区域内折压痕 ②小区域内对折压痕 ③作业压痕线
点画线	—·—·—·—	外折压痕线	①大区域外折压痕 ②小区域外对折压痕
三点点画线	—···—···—	内折切痕线	大区域内折间歇切断压痕
两点点画线	—··—··—	外折切痕线	大区域外折间歇切断压痕
双虚线	≡≡≡≡≡≡	对折线	大区域对折压痕
点虚线	············	打孔线	方便开启结构

2) 封合与提手符号

表 7-2 为封合与提手结构的代号、线型与功能。

表 7-2　封合与提手符号

代　号	线　型	功　能
S 接头	‖‖‖‖‖‖‖	U 形钉钉合
T 接头	＜＜＜＜＜＜	胶带纸粘合
G 接头	＜＞＜＞＜＞	粘合剂粘合
P 形提手	▭	全开口提手
U 形提手	▭	不全开口提手

2. 应用举例

【例 7-7】 包装纸盒的展开图。

图 7-10 所示为各种包装纸盒的展开图。

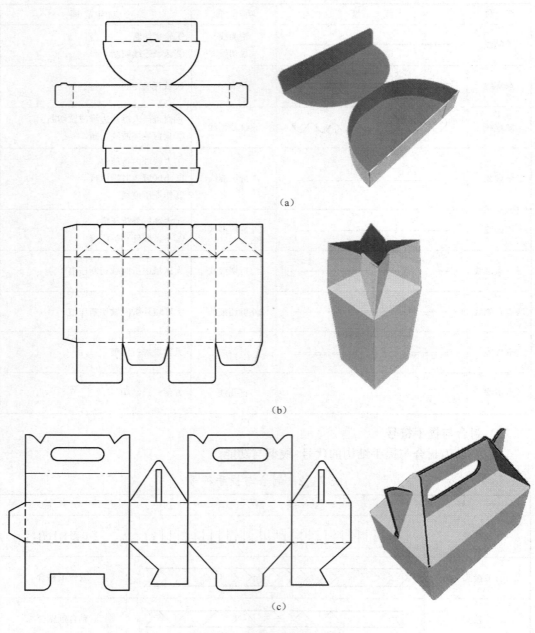

图 7-10 包装纸盒的展开图

第8章 透视图基础

在设计工作中,需要将所构思对象的造型准确而逼真地表现出来,以表达其设计意图。表达设计意图的手段主要有效果图,而效果图是根据透视投影原理进行绘制的,因此,掌握透视图的基础知识和画法是设计师应具有的基本能力。

观察一下周边,相互平行且等距等高的电线杆,愈远愈矮;笔直的平行铁轨,愈远愈靠拢,延伸向远方并消失于一点,这个"消失点"称为"灭点",这种现象就是"透视"现象。为了准确地表达物像,可以设想通过透明的玻璃来观察物体,并将看到的物体轮廓直接描绘在透明玻璃面上。这种具有"近大远小、近宽远窄"的图像称为透视投影或者透视图。"透视"(perspective)一词,来源于拉丁文 perspicere,意思就是通过透明的介质观看物像并将其描绘下来。

8.1 透视投影概述

1. 透视图的形成

前面学过的轴测图是在单一的投影面上同时反映物体的长宽高,因而富有立体感。透视图也是属于单面投影,不同之处在于轴测图是用平行投影原理画出的,而透视图是用中心投影原理绘制的,如图 8-1 所示。假设在人和物体之间设立一透明的画面,投影中心是人的眼睛 S,称为视点,通过 S 与物体上的各点 A、B、…相连,这些连线称为视线,它们与画面相交于 $A°$、$B°$、…各点,把这些点相连,则在画面上得到了具有立体感的物体的透视图。

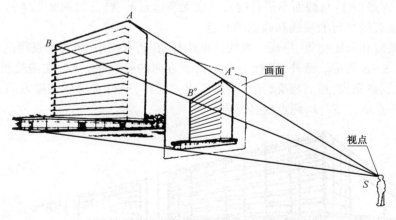

图 8-1 透视图的形成

2. 透视作图基本术语

在透视绘图中,常用到一些专门的术语,了解它们的确切含义,有助于掌握透视的形成规律和基本画法。现结合图8-2介绍透视图中的基本术语。

(1) 画面(P):透视图所在的假想透明画面。
(2) 基面(G):物体所在的水平面。
(3) 视点(S):人眼观察物体所在的点。
(4) 站点(s'):视点在基面上的投影。
(5) 画面线(PP):画面的水平投影线,见图8-4(b)。
(6) 基线(GL):基面与画面的交线。

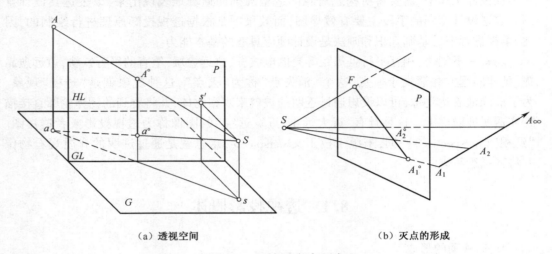

(a) 透视空间　　　　　　　　　(b) 灭点的形成

图8-2　透视空间与灭点

(7) 视平线(HL):通过视点所作的水平面与画面的交线。
(8) 视距(Ss'):视点到画面的垂直距离。
(9) 视高(Ss):视点到基面的垂直距离。
(10) 主点(s'):过视点向画面所作垂线与画面的交点。主点也称心点。
(11) 灭点(F):与画面不平行的直线在无穷远点的透视,如图8-2(b)所示,它是从视点作与该直线平行的视线和画面的交点。

一组高度和间距相等、排成一直线的电线杆,在透视图中:愈近的显得高,愈远则显得低些,如图8-3所示。此外,平行于房屋长度方向的一组平行线,在透视投影中不再平行,而是愈远愈靠拢,最后相交(消失)于F_1点。同样,平行于房屋宽度方向的水平线,也相交于另一点F_2。F_1、F_2两点就是灭点。

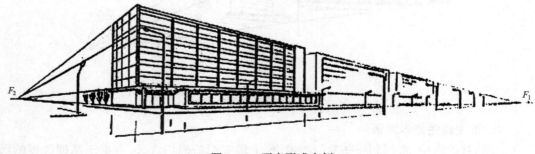

图8-3　灭点形成实例

3. 点的透视投影

1) 形成原理

点的透视仍是点。如图8-4(a)所示,点 A 是空间任意点,过视点 S 与点 A 的连线 SA (视线)与画面 P 的交点 $A°$,就是空间点 A 的透视。点 a 是空间点 A 在基面上的正投影(即点 A 的水平投影),称为点 A 的基点,基点 a 的透视 $a°$,称为点 A 的基透视。

2) 透视作图

点的透视画法是透视作图的基础。其实质就是根据透视形成原理,用正投影法求出视线与画面的交点。视线与画面的交点也称迹点,故这种求作透视的方法称为视线迹点法。具体作图步骤如图8-4(b)所示。

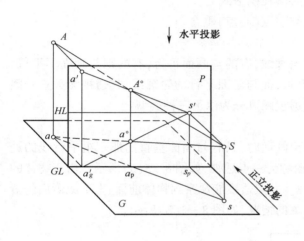
(a) 点的透视空间

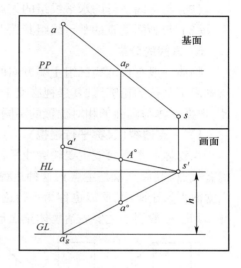
(b) 点的透视作图

图8-4 用视线迹点法作点的透视

(1) 把透视空间分解成基面(水平投影面)与画面(正立投影面),并放置在同一平面上。按习惯把"基面"放在上方,把"画面"放在下方对齐位置。在基面上作出画面线 PP (也是基线位置)及视点的水平投影(站点 s),在画面上作出基线 GL 与视平线 HL,并给出视点 S 的正投影(主点 s')。即用"三线一点"表示透视投影体系。

(2) 空间点 A 用正投影 a' 及其基点 a 给出,基点 a 的画面正投影用 a'_g 给出。视线 SA 的正立投影和水平投影即为 $s'a'$ 与 sa。

(3) 视线的水平投影 sa 与画面线 PP 的交点 a_p 即是视线 SA 的画面迹点的水平投影。所以过 a_p 向下作垂线与 $s'a'$ 的交点 $A°$,即为点 A 的透视。

(4) 过基点 a 的视线 Sa 的正立投影由 $s'a'_g$ 给出。过 a_p 作的垂线与 $s'a'_g$ 的交点 $a°$,即为点 A 的基透视。$A°a°$ 即为点 A 的透视高,$a'a'_g$ 为点 A 的真高(Aa)。

从图8-4可知,画透视图的实质实际上就是求直线(视线)与平面(画面)的交点(也称迹点)。由于画面 P 与基面 G 的边界是可以变化的,与作图无关,因此在实际作图时是略去其边框的。并且也可以是基面在下,画面在上。

4. 透视基本规律

从上述透视空间可得如下透视规律。

（1）等高直线:距视点近则高,反之则低,即近高远低。

（2）等距直线:距视点近的间距宽,反之则窄,即近宽远窄。

（3）等体量的几何体:距视点近的体量大,反之则小,即近大远小。

（4）属于画面上的直线或平面的透视都反映实长与实形。

（5）与画面平行的直线,其透视亦和原直线平行,并且没有灭点。

（6）不平行于画面的平行线组的透视必交于一公共点(即灭点)。

（7）与基面平行的水平线组的灭点必落在视平线上。

（8）与画面垂直的平行线组其灭点与主点(心点)重合。

5. 透视的分类

物体一般有长宽高三组主要方向的轮廓线,有的与画面平行,有的则与画面不平行。与画面不平行的轮廓线,其透视必交于灭点,而与画面平行的轮廓线,其透视无灭点。因此,根据物体与画面的相对位置的不同,透视图可分为以下三种类型:

1) 一点透视(又称平行透视)

当物体的主要面或主要轮廓线平行于画面时,只有与画面垂直的那一组平行线的透视有灭点(其灭点就是主点),这种透视图称为一点透视,如图 8-5(a)所示。由于物体的主立面平行于画面,所以也称为平行透视。一点透视能观察到物体前面、上下或侧面的情况,因此,一般用于主要表达物体正面形象的情况,如图 8-5(b)所示。

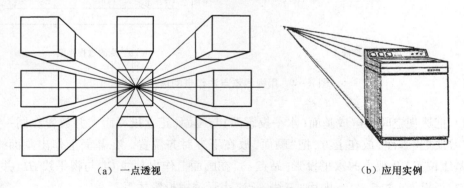

（a）一点透视　　　　　　　　　　　（b）应用实例

图 8-5　一点透视及其应用

2) 两点透视(又称成角透视)

假设物体有一组棱线与画面平行,而另外两组棱线与画面斜交,这时除与画面平行的一组棱线外,其他两组棱线的透视分别交于视平线上左右两侧的灭点 F_1 和 F_2 上,这种透视称为两点透视,如图 8-6(a)所示。此时,由于物体的两个相邻主立面与画面偏斜成一定角度,故也称为成角透视。图 8-6(b)所示为某仪器设备的两点透视图。

3) 三点透视(又称斜透视)

当物体的三组棱线均与画面斜交,这时三组棱线的透视均形成三个灭点,这种透视称为三点透视,如图 8-7 所示。

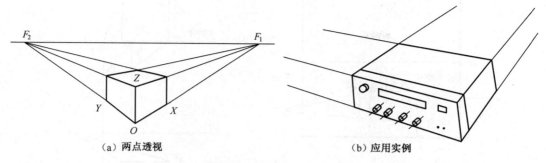

(a) 两点透视　　　　　　　　　　(b) 应用实例

图 8-6　两点透视及其应用

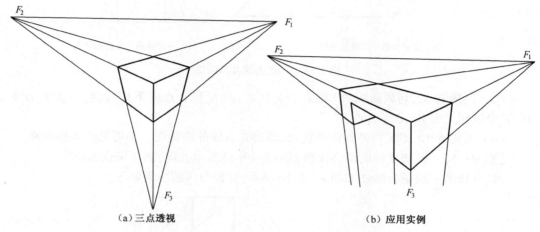

(a) 三点透视　　　　　　　　　　(b) 应用实例

图 8-7　三点透视及其应用

8.2　平面立体的透视

立方体或长方体是造型设计的基本形体,在造型设计中,可在此基本形体上进行切割或叠加,使之形成不同的形体。下面以立方体为例,叙述常用透视图的画法。

1. 一点透视画法

立方体的一点透视空间如图 8-8(a) 所示,其一点透视作图步骤如图 8-8(b) 所示。

(1) 确立立方体与画面的位置,为了画图简便假设立方体的一个面 AA_1D_1D 与画面重合。因此,该面的透视即反映实形。

(2) 建立"三线一点"透视投影体系。在上方适当位置画出立方体的水平投影 $abcd$ 和画面线 PP,确定视点 S 的位置与合适的视角。选定适当视高,在下方画面位置作出视平线 HL 和基线 GL。

(3) 由于立方体的一个面与画面重合,所以该正方形面的透视 $A°A_1°D_1°D°$ 反映实形。由于宽度方向垂直于画面,因此,该平行线组的灭点与主点重合。即只要过视点 S 作垂线与视平线 HL 相交,该交点即为灭点 F。

(4) 连接 $A°F$、$D°F$、$D_1°F$,即得立方体宽度方向的透视。

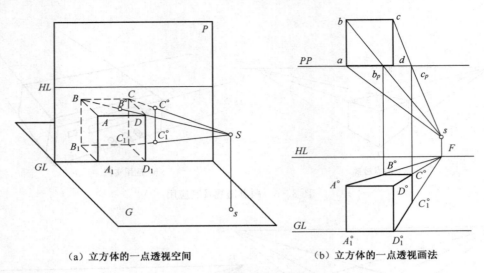

(a) 立方体的一点透视空间　　　(b) 立方体的一点透视画法

图 8-8　一点透视及其画法

(5) 连接 sb、sc，与画面线 PP 相交于 b_p 和 c_p，自 b_p 和 c_p 点向下作垂线，与 $A°F$、$D°F$、$D_1°F$ 分别相交得 $B°$、$C°$、$C_1°$ 点。

(6) 连接 $B°C°$、$C°C_1°$，并加深各棱边，即得立方体的透视图。不可见轮廓线不画。

【例 8-1】　已知立体的两面投影如图 8-9(a) 所示，试绘制其一点透视图。

解：立体的一点透视画法如图 8-9(b) 所示，分析与作图步骤如下。

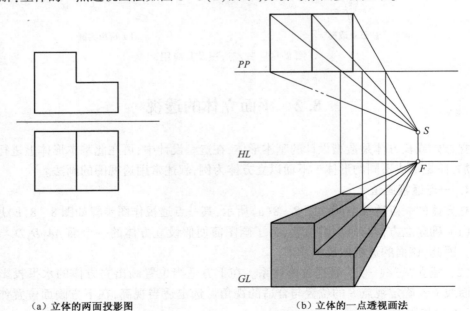

(a) 立体的两面投影图　　　(b) 立体的一点透视画法

图 8-9　立体的一点透视画法

(1) 假设立体的一个正面与画面重合，则该面的透视反映实形。

(2) 建立"三线一点"透视投影体系。确定立体与画面、站点的相对位置。作出画面线 PP 与站点位置 s，画出基线 GL，选定视高并画出视平线 HL。

(3) 因为宽度方向与画面垂直,故该方向平行线组的灭点 F 就是主点位置。

(4) 利用视线迹点法作出宽度方向系列迹点,连接轮廓线即得立体的一点透视图(不可见轮廓线不画)。

2. 两点透视画法

立方体的两点透视空间如图 8-10(a)所示,其两点透视画法如图 8-10(b)所示。

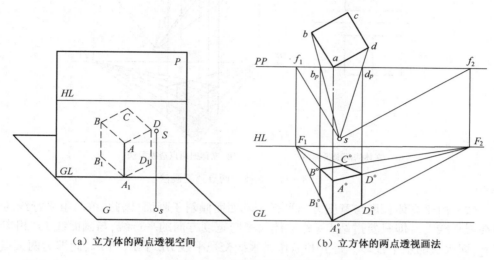

(a) 立方体的两点透视空间　　　　　　(b) 立方体的两点透视画法

图 8-10　两点透视及其画法

两点透视作图步骤如下:

(1) 将立方体置于基面之上并与画面成角放置,为了画图简捷,假设立方体的一条棱线 AA_1 与画面重合。在上方适当位置画出立方体的水平投影 $abcd$ 和画面线 PP。确定视点 S 的位置,选择适当的视角。在下方画面位置作出基线 GL 和视平线 HL,"三线一点"透视投影体系建立。

(2) 由于立方体的高度方向的一条棱线与画面重合,所以该棱线的透视 $A°A_1°$ 反映棱线真实高度(也称真高线,即 $A°A_1° = AA_1$ 边长)。

(3) 由于立体长度与宽度方向平行于基面而倾斜于画面,因此,该两组平行线的灭点必在视平线上。即只要过站点 s 作 ab 与 ad 的平行线,与画面线 PP 相交于 f_1 和 f_2,即灭点的水平投影。过 f_1 和 f_2 作铅垂线交视平线 HL 于 F_1 和 F_2,此即为两灭点。

(4) 连接 $A°F_1$、$A°F_2$ 和 $A_1°F_1$、$A_1°F_2$,即得立方体长度与宽度方向的透视。

(5) 连接 sb、sd 与画面线 PP 相交于 b_p 和 d_p,自 b_p 和 d_p 点向下作垂线,与 $A°F_1$、$A°F_2$ 分别相交得 $B°$ 和 $D°$ 两点,与 $A_1°F_1$、$A_1°F_2$ 分别相交得 $B_1°$ 和 $D_1°$ 两点。

(6) 连接 $D°F_1$ 和 $B°F_2$ 相交得 $C°$ 点,加深各棱边,即得所求立方体的透视图。

【例 8-2】　已知立体的两面投影如图 8-11(a)所示,试绘制其两点透视图。

解:立体的两点透视画法如图 8-11(b)所示,分析与作图步骤如下。

(1) 为了画图简捷,假设立方体高度方向的一条棱线与画面重合。建立"三线一点"透视投影体系。在上方适当位置画出立方体的水平投影和画面线 PP,选择合适的视角,确定视点 S 的位置。画出基线 GL,选定视高并画出视平线 HL。

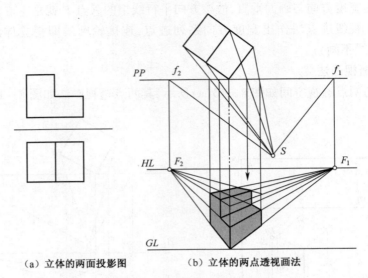

(a) 立体的两面投影图　　(b) 立体的两点透视画法

图 8-11　立体的两点透视画法

(2) 由于立体长度与宽度方向平行于基面而倾斜于画面,因此,该两组平行线的灭点必在视平线上。即只要过站点 s 作立体长度与宽度方向的平行线,与画面线 PP 相交于 f_1 和 f_2,即灭点的水平投影。过 f_1 和 f_2 作铅垂线交视平线 HL 于 F_1 和 F_2,此即为两灭点。

(3) 先作出画面上棱线的透视(真高线),再利用视线迹点法作出长度与宽度方向系列迹点,连接轮廓线即得立体的两点透视图。

8.3　圆及曲面体的透视

圆及其曲面是形体中最常见的曲线、曲面。在透视图上,由于圆平面与画面相对位置的不同,其形状大小也随之改变。当圆平行于画面时,圆的透视仍是圆,但大小变了。当圆不平行于画面时,则圆的透视一般是椭圆。当圆平面通过视点时,则其透视成了一条直线。

1. 平行于画面的圆

当圆平面平行于画面时,圆的透视仍是圆,圆的大小由圆平面距离画面的远近决定。其透视的绘制就是画出圆心的透视位置及其对应半径的透视长度,如图 8-12(a)所示。

下面介绍画面平行圆(不与画面重合)的一点透视画法。

圆的透视仍是圆,其关键是求出圆心的位置和半径的透视长度,如图 8-12(b)所示。具体作图步骤如下:

(1) 先在适当位置作出画面线 PP。假设圆平面与画面平行,但不在画面上,则在 PP 线上方一定位置画出圆的直径 ab 线,其半径为 R。

(2) 确定基线 GL 和视平线 HL,选定站点 s 的位置,连接 so、sa 得交点 o_p、a_p,则 $o_p a_p$ 即为透视圆的半径。

(3) 从点 s 作视平线 HL 的垂线,交点 F 即为灭点(也是主点位置)。

(4) 从点 o 向下作垂线至基线 GL,在该垂线上量取圆的半径得点 N。

第8章 透视图基础

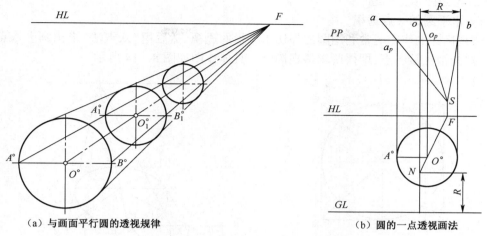

(a) 与画面平行圆的透视规律　　　(b) 圆的一点透视画法

图 8－12　与画面平行圆的透视

(5) 自点 o_p 向下作垂线，与 NF 交于 $O°$，点 $O°$ 即为透视圆的圆心。自 $O°$ 作水平线与从 a_p 向下作的垂线相交于 $A°$，则 $O°A°$ 即为透视圆的半径。以 $O°$ 为圆心，以 $O°A°$ 为半径画圆，即得所求的透视圆。

【例 8－3】　已知圆柱管的两面投影，如图 8－13(a) 所示，试作其平行透视图。

解：圆柱管的平行透视主要是圆的透视画法，其作图如图 8－13(b) 所示。

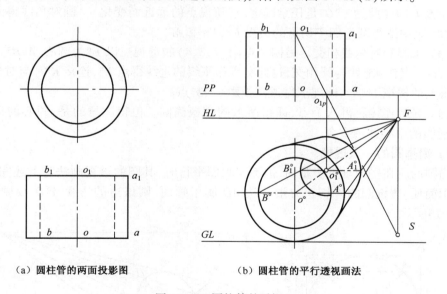

(a) 圆柱管的两面投影图　　　(b) 圆柱管的平行透视画法

图 8－13　圆柱管的透视

(1) 首先建立"三线一点"透视投影体系。假设圆柱管的前端位于画面上，则其透视反映实形。后端面为缩小了的圆，其圆心 O_1 的透视 $O_1°$ 用视线迹点法求得。

(2) 过点 $O_1°$ 作水平中心线，与过 $A°$ 的外轮廓透视线（全长透视）交于 $A_1°$，与过 $B°$ 的内轮廓透视线交于 $B_1°$，然后，分别以 $O_1°A_1°$、$O_1°B_1°$ 为半径作圆，再作两圆的公切线（透视投影的转向轮廓线），去除不可见线，即完成了圆柱管的平行透视（一点透视）。

2. 与画面相交的圆

1) 水平圆的一点透视

透视椭圆的作图通常利用圆的外切正方形的透视，然后用"八点法"求出圆上八点的透视，再光滑连接各点，即得所求透视椭圆。具体作图如图 8-14 所示。

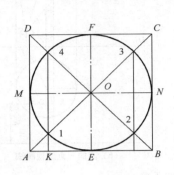
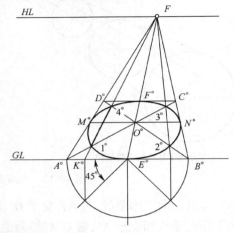

图 8-14 水平圆的一点透视

（1）先在平面上作圆的外切正方形 $ABCD$，得圆上四个切点 E、F、M、N。

（2）确定 GL、HL 与灭点 F，假设 AB 边在基线上，则 $A°B°$ 反映实长，作外切正方形的透视 $A°B°C°D°$（此处 $C°D°$ 是任意确定，它随视点的远近而变化）。画对角线得到圆心的透视 $O°$，画中线得圆上四个切点的透视 $E°$、$F°$ 和 $M°$、$N°$。

（3）求圆和对角线相交得另四个点（1、2、3、4）的透视。以 $E°$ 为圆心、$A°B°$ 为直径作半圆，自 $E°$ 点作 45°线与圆相交，过此交点作基线的垂线得点 $K°$，连接 $K°F$ 与对角线的交点即得点的透视 $1°$、$4°$，同理求得透视投影 $2°$、$3°$ 点。

（4）光滑连接所得八个点，即得所求的透视椭圆。值得注意的是，圆心的透视位置 $O°$ 与椭圆的中心并不重合。

2) 铅垂圆的一点透视

当圆的所在平面垂直于基面，但不与画面平行时，其圆的透视画法与上述完全相同。为作图简便，假设圆的外切正方形一边 AD 属于画面，则该边的透视 $A°D°$ 反映真高，如图 8-15 所示。

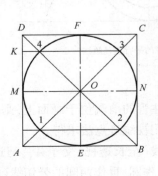
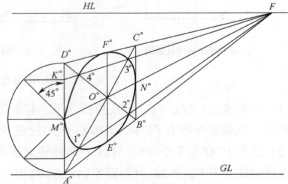

图 8-15 铅垂圆的一点透视

3) 水平圆的两点透视

水平圆的两点透视仍是椭圆。同前一样,还是先求圆的外切正方形的透视 $A°B°C°D°$,用"八点法"求出圆上八点的透视,再光滑连线求得。为作图简单,假设圆的外切正方形的一角(A 点)属于基线。具体作图如图 8 – 16 所示。

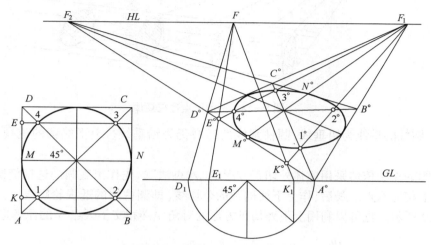

图 8 – 16 水平圆的两点透视

需要注意的是,在作半圆后不能直接利用倾斜 $A°D°$ 边(或 $A°B°$ 边)进行分割。而是需要用基面平行线的分割方法来解决。具体作图是作半圆后得 D_1 点,连 $D_1D°$ 与视平线 HL 交于 F 点,连接 FE_1、FK_1 与 $A°D°$ 交于分割点 $E°$、$K°$。再连接 $F_1E°$、$F_1K°$ 与对角线交于四点 $1°$、$2°$、$3°$、$4°$,加上之前圆的四个外切透视点,八点光滑连线,即得所求透视椭圆。

3. 圆的透视规律

圆的透视由于视高和视点的位置不同,椭圆的形状也随之变化。从图 8 – 17 可知:

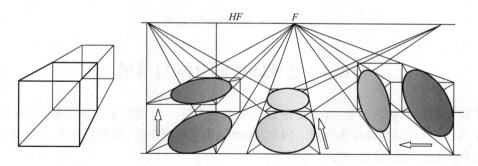

图 8 – 17 圆的一点透视规律

(1)距离灭点较远的,透视椭圆较宽大,反之则透视椭圆较窄小。

(2)对于平行于基面和垂直于基面的同直径圆的透视,越接近灭点,椭圆越扁平。

(3)两点透视时,当各圆的圆心在一直线上时,由于位置不同,椭圆的长短轴都有很大变化,使圆的透视从正椭圆变成斜椭圆,即椭圆的长轴发生倾斜,如图 8 – 18 所示。

【例 8 – 4】 已知铅垂圆柱的半径(R)与高(h),试作其一点透视图。

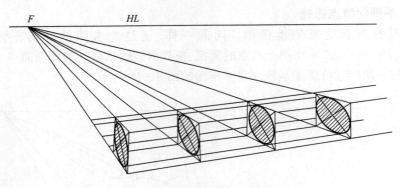

图 8-18 圆的两点透视规律

解：圆柱的轴线为铅垂线，圆柱素线的透视仍为铅垂线。上下端圆的透视一般仍为椭圆。

椭圆的作法依然采用前述外切正方形的"八点法"。先作出底圆的透视椭圆，对应求出顶圆上相应八点。最后，作上下两椭圆的公切线（即圆柱体的透视轮廓线）。其作图如图 8-19 所示。也可以利用上下外切正方形的对角线必相交于灭点 N 的原理进行作图。

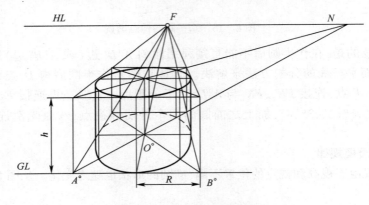

图 8-19 铅垂圆柱的透视

8.4 透视图中的分割与倍增

物体的造型复杂多变，其透视图形式也多种多样。但它们无外乎由基本体（立方体或长方体）进行切割或堆集而成。因此，在画物体的透视图时，需要用到有关分割与倍增的几何知识，下面进行介绍。

1. 直线透视的比例分割

1) 画面平行线的分割

在透视图中，只有画面平行线被其上的点分割线段之比，其透视仍能保持原来比例。如图 8-20(a)所示，试在铅垂线 AB 求点 C、D，使 $AC:CD:DB = 2:1:3$。

方法是先过 $A°$ 任作辅助直线，以适当长度为单位，在其上分割成 $2:1:3$，得点 C_1、D_1、B_1。再连线 $B_1B°$，过 C_1、D_1 作 $B_1B°$ 的平行线得 $C°$、$D°$，则 $A°C°:C°D°:D°B° = 2:1:3$。

它是根据平面几何的理论得出的,即一组平行线可将任意两直线分成相等比例的线段。

2) 基面平行线的分割

基面平行线的透视将产生变形,其透视线段不等于实际线段之比。但可以利用前述平行线组的分割原理来解决后者的作图问题。

图8-20(b)为基面平行线 AB 的透视 $A°B°$。试将 AB 分成 $AC:CD:DB=2:1:3$ 三段。

方法是先从 $A°$ 任作一基线平行线,自 $A°$ 向右分割,使 $A°C_1:C_1D_1:D_1B_1=2:1:3$,连接 $B_1B°$ 并延长与视平线 HL 相交于 F,再连接 FC_1 与 FD_1,与 $A°B°$ 分别相交于 $C°$、$D°$ 点,由于 FC_1、FD_1 和 FB_1 属于平行线组,具有共同灭点 F,从而将 $A°B°$ 按要求分成了三段之比。

图8-20(c)为按连续截取等分线段的透视分割,$A°B°$ 为基面平行线 AB 的透视。其作图方法同前所述,只是截取的是等分线段。从图可知,它们透视长度的特点,仍具有"近长远短"的透视属性。

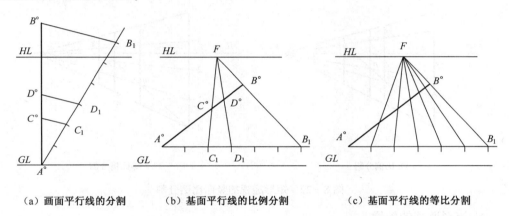

(a) 画面平行线的分割　　(b) 基面平行线的比例分割　　(c) 基面平行线的等比分割

图8-20　直线透视的比例分割

2. 矩形透视的分割

1) 矩形透视的对等分割

利用矩形对角线,对等分割两个全等的矩形。图8-21(a)是矩形的一点透视图。连接矩形的两条对角线 $A°C°$ 和 $B°D°$,得到交点 $E°$。过 $E°$ 作边线 $A°B°$ 的平行线,就将矩形等分为两个全等的矩形。

过灭点与交点 $E°$ 相连,则将矩形四等分。重复使用此方法,可连续分割出更小的矩形。图8-21(b)是矩形的两点透视图分割,作图方法与前述基本类似。

2) 矩形透视的竖向分割

利用一条对角线和一组平行线,将竖向矩形分割成若干全等的矩形,或按比例分割成几个小的矩形,如图8-22(a)所示,$A°B°C°D°$ 为一透视矩形(铅垂面),要求将它沿水平方向按 $2:1:3$ 的比例分割。

首先,以适当长度为单位,在铅垂边 $A°B°$ 上,自 $A°$ 点按比例截取点 e、g、t,连接 eF、gF 和 tF,与透视矩形 $A°D°kt$ 的对角线 $A°k$ 相交于点 m 和 n,过 m 和 n 点作垂线,即将矩形 $ABCD$ 按比例 $2:1:3$ 在透视图中完成了分割。

图 8-22(b)所示 $A°B°C°D°$ 也是透视矩形,要求将其竖向分割成三个全等的矩形。作图方法与前述完全类似,只是在铅垂线 $A°B°$ 上截取三段的长度之比为 1∶1∶1 而已。

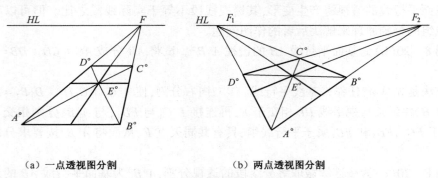

（a）一点透视图分割　　　　（b）两点透视图分割

图 8-21　矩形透视的对等分割

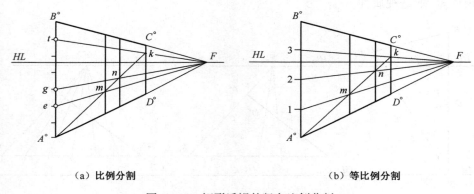

（a）比例分割　　　　（b）等比例分割

图 8-22　矩形透视的竖向比例分割

3. 矩形透视的倍增

在透视图上作矩形的倍增,也是利用矩形的对角线互相平行的特性来解决作图问题。

1) 在矩形一个方向上倍增,作出若干相等的矩形

如图 8-23(a)所示, $A°B°C°D°$ 是一个铅垂的矩形透视,试作几个倍增相等的矩形。

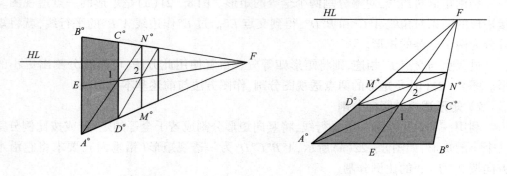

（a）铅垂矩形的倍增　　　　（b）水平矩形的倍增

图 8-23　矩形透视的倍增

作图步骤是先作矩形 $A°B°C°D°$ 的中线 $E1$，连线 $A°1$ 并延长与 $FB°$ 交于 $N°$ 点，过 $N°$ 点作铅垂线 $N°M°$，即得第二个相等的矩形透视 $C°D°M°N°$。同法，可作出若干相等的矩形。

水平矩形透视的倍增与铅垂方向的完全类似，如图 8-23(b) 所示。

2) 在纵横两个方向，倍增几个全等的矩形

如图 8-24 所示，已知矩形的两点透视 $A°B°C°D°$，要求在纵横两个方向上倍增式地画出若干全等的矩形。

首先，延长对角线 $A°C°$ 至 F 点（即 AC 的灭点），其他矩形的对角线均平行于 AC，消失于同一灭点 F，根据此原理即可画出若干全等的矩形，如图 8-24 所示。

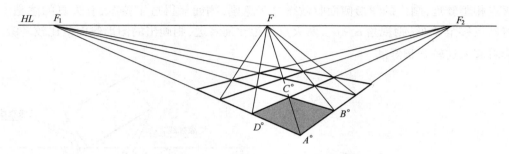

图 8-24 矩形透视的双向倍增

4. 立体的分割与倍增

透视描绘的对象是无限的，形状千差万别。它们可以理解为一些基本几何体的增补或挖切。对于细部的处理，可以采用一些行之有效的作图技巧，比如立体的分割与倍增。同样，它也是通过前述平面矩形透视的分割与倍增原理来实现的，如图 8-25 所示。

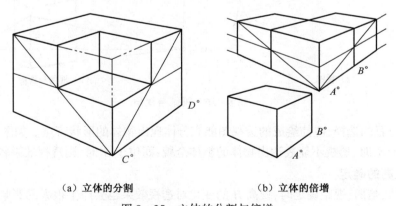

（a）立体的分割　　　　（b）立体的倍增

图 8-25 立体的分割与倍增

其作图方法主要是通过作矩形对角线与中线，以及适当的透视线来完成的。

8.5 视点、画面与物体的相对位置

绘制透视图必须根据物体的形状特点和表现要求，首先选择所绘制透视图的类型，是

画一点透视、两点透视还是三点透视。然后再确定好视点、画面与物体间的相对位置。因为这三者相对位置的变化,将直接影响所绘图形的透视效果。

1. 视点及其视高的确定

1) 视点位置的选择

人眼的视域接近于椭圆形视锥,如图 8-26(a)所示。为了实用简便,一般把视锥看成是正圆锥。在绘制透视图时,视角通常被控制在 60°以内,而以 30°~40°为佳。否则所画透视图会产生畸形失真倾向。

如图 8-26(b)所示,站点 S_1 与物体距离较近,两条边缘视线间的视角 α_1 稍大,则两灭点相距较近,画出的图形侧面收敛得过于急剧,侧面显得过于狭窄,有失真的感觉。如将站点移至 S_2 处,则视角 $\alpha_2 < \alpha_1$,两灭点相距比前者远,则画出的图形侧面就比较平缓,图形看起来比较开阔舒展。

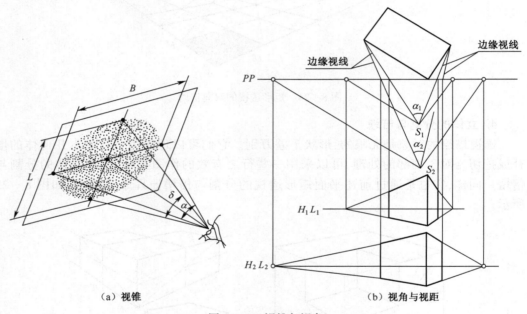

(a) 视锥　　　　　　　　　　　　(b) 视角与视距

图 8-26　视锥与视角

视点位置的选择,应使绘成的透视图能充分体现出物体的形状特点。如图 8-27 所示,当站点位于 S_1 时,透视不能表达出物体的整体全貌;而位于 S_2 时,则透视效果较好。

2) 视高的确定

当物体、画面、视距确定时,视高 H 的变化对透视效果也会产生很大的影响,如图 8-28 所示。当视平线在物体高度之上时,透视图会产生俯视的效果;当视平线在基线以上又小于物体高度时,透视产生平视效果;当视平线在基线以下,透视图产生仰视效果。

视高的选择,应使透视图的形象符合实际情况。对于小的物件如电话、茶具等,由于平常都属于俯视位置,因此,视平线应位于物体之上;对于中型的物体如家具、卡车等,视平线应位于物体高度内的适当位置;对大型物体如纪念碑、建筑塔等,则视平线应位于物体下部位置,以获得高耸、仰视的效果。

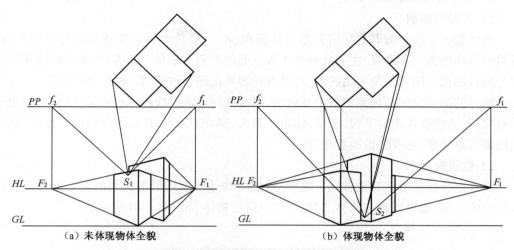

图 8-27 视点的选择对透视图的影响

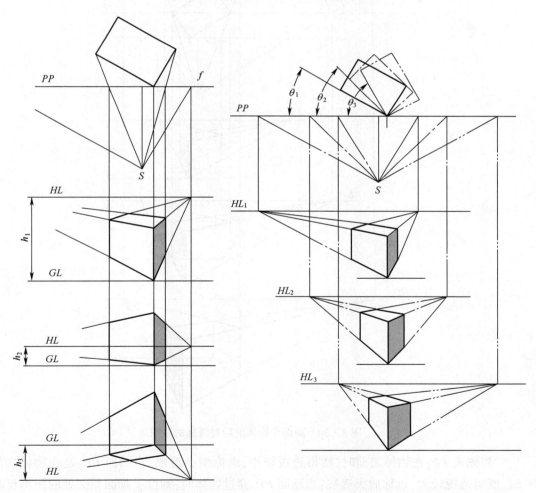

图 8-28 视高对透视图的影响　　　　图 8-29 物体与画面相对位置的影响

2. 物体与画面的相对位置

1) 方向的影响

物体某一立面与画面之间的夹角也称偏角(θ)。偏角为零时物体立面与画面平行，所得的透视图为一点透视，主要反映物体该立面的形象。偏角不为零时，所得的透视图一般为两点透视。随着偏角大小的改变，其透视形象也随着改变，如图 8-29 所示。

物体的某一立面与画面的偏角 θ 愈小，则该立面上水平线的灭点愈远，该立面的透视就愈宽阔，透视收敛则愈平缓；相反，偏角 θ 愈大，则该立面上的水平线的灭点愈近，该立面的透视愈狭窄，透视收敛则愈急剧。

2) 位置的影响

当视点与物体的相对位置确定之后，画面与物体的远近可按需要确定。画面既可以放在物体之前，也可以放在物体之后，还可以穿过物体，如图 8-30 所示。

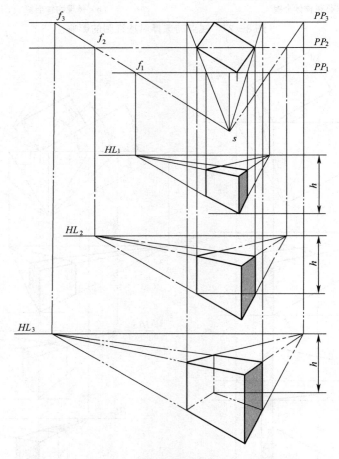

图 8-30 画面在物体前后对透视的影响

当画面 PP_1 在物体之前时，所得透视较小，也称缩小透视；当画面 PP_3 处在物体之后时，所得透视较大，也称放大透视；当画面 PP_2 穿过物体时，则位于画面相交处的图形反映实形，位于画面后的部分透视较小，位于画面前的部分透视较大。从图 8-30 可知，由于只是画面前后平移,故其透视完全相似,仅是图形大小不同而已。

3. 确定视点、画面的方法和步骤

绘制透视图时,一般应遵循习惯与视觉经验来作图,综合考虑视点、画面与物体三者之间的关系。具体步骤与方法如下所述。

1) 先确定视点,然后确定画面,如图 8-31(a) 所示。

(1) 先定视点(站点 s),使由 s 向物体平面所作两边缘视线 sa、sc 的夹角约为 30°~40°。

(2) 在两边缘视线之间,引出中心视线的投影 ss_p。

(3) 垂直于中心视线作画面线 PP,画面线最好通过物体的一角。

(4) 选定视高,建立"三线一点"透视体系即可开始作图。

2) 先确定画面,然后确定视点,如图 8-31(b) 所示。

(1) 过物体一转角作画面线 PP,使之与立面成适当偏角 θ。

(2) 过外转角 a、c 向画面作垂线,得到透视图近似宽度 B。

(3) 在近似宽度内适当位置选定主点的投影 s_p,由 s_p 作画面 PP 的垂线,取 ss_p 约为近似画面宽度(B) 的 1.5~2 倍,得到视点(站点 s)。

(4) 最后选定合适视高,建立"三线一点"透视体系即可正式作图。

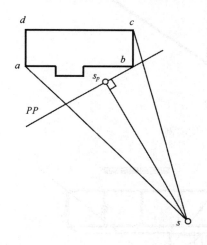

(a) 先确定视点后定画面　　　　　　　　　(b) 先确定画面后定视点

图 8-31　确定视点与画面的方法

4. 透视应用的实例

两点透视是设计中应用最多的一种方法。下面以实例说明两点透视的应用。

画透视图时,一般先将复杂形状归纳成平面体(立方体或长方体),然后再分割或叠加。如图 8-32 所示某小型收音机,其长宽尺寸相差较大。因正侧两面都需要表达,故采用约 45°偏角的两点透视。为画图简便,使其一棱边与画面接触。用两点透视法先画收音机的初步形体,如图 8-32(a) 所示。再作细部处理,最后画出收音机透视图,如图 8-32(b) 所示。

在透视画法中,一点透视相对作图简单。其特点是物体的正立面呈实形或比例放大与缩小,如图8-33(a)所示。因此,在室内设计、庭园、街景表现等场合得到广泛应用。如图8-33(b)所示为室内布置设计图,它能同时表示正面、上下面以及两侧面的情况。

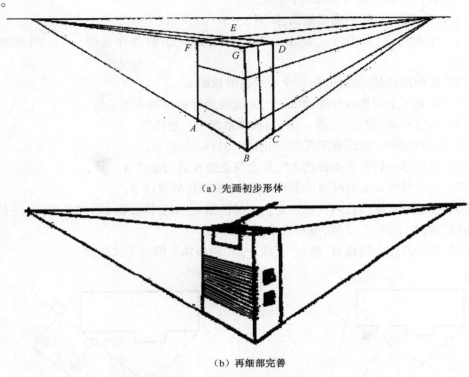

图8-32 两点透视画法应用实例

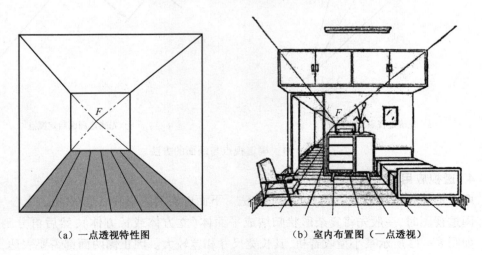

(a) 一点透视特性图　　　　　(b) 室内布置图(一点透视)

图8-33 一点透视画法应用实例

第9章 计算机绘图

计算机绘图是应用计算机软件及计算机硬件来处理图形信息,从而实现图形的生成、显示及输出的计算机应用技术,是工程技术人员必须掌握的基本技能之一。在新产品设计时,除了必要的计算外,绘图就占用了大量时间,计算机绘图缩短了产品开发周期,促进了产品设计的标准化、系列化,是计算机辅助设计(Computer Aided Design,CAD)的最重要组成部分。

AutoCAD 是美国 Autodesk 公司 1982 年推出的微机绘图软件,它是一个通用的具有人机对话功能的交互式绘图软件包,不仅具有完善的二维功能,而且其三维造型功能也很强,并支持 Internet 功能。目前,AutoCAD 在全世界的应用已相当广泛,是当前工程设计中最流行的绘图软件。

本章主要介绍 AutoCAD2011 的基本功能及其应用。

9.1 AutoCAD 概述

1. AutoCAD2011 的启动

安装 AutoCAD2011 后会在桌面上出现一个图标 ,双击该图标,或者从 Windows 桌面左下角选择"开始"→"所有程序"→"AutoCADdesk"→"AutoCAD2011 - Simplified Chinese"→"AutoCAD2011",或者双击已有的任意一个图形文件(*.dwg),均可以启动AutoCAD。

2. 用户界面

AutoCAD2011 为用户提供了"二维草图与注释"、"AutoCAD 经典"、"三维基础"、"三维建模"四种工作空间模式,其中"二维草图与注释"是默认工作空间。

默认状态下的"二维草图与注释"空间如图 9-1 所示,在该空间中用户可以很方便地绘制二维图形;"AutoCAD 经典"空间如图 9-2 所示,该界面保留了以往各个版本的 AutoCAD 界面风格。

AutoCAD 的各个工作空间都包含应用程序按钮、工作空间选择器、快速访问工具栏、图形名称、命令行窗口、绘图窗口、状态栏和功能选项板(AutoCAD 经典空间为"菜单与工具条")。

3. AutoCAD 命令的调用与终止

(1) 键盘:直接从键盘输入 AutoCAD 命令(简称键入),然后按空格键或回车键。输入的命令可以大写或小写,也可输入命令的快捷键,如 line 命令的快捷键是 L。

(2) 菜单:单击菜单名,在出现的下拉式菜单中,单击所选择的命令。

(3) 工具栏:单击工具栏图标,即可输入相应的命令。

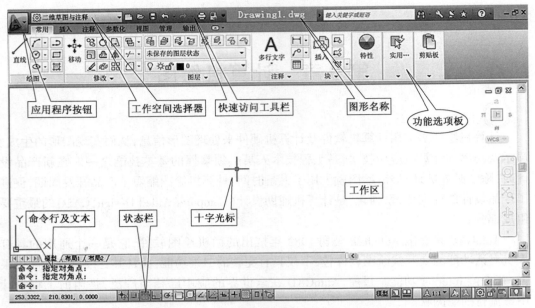

图 9-1 "二维草图与注释"空间

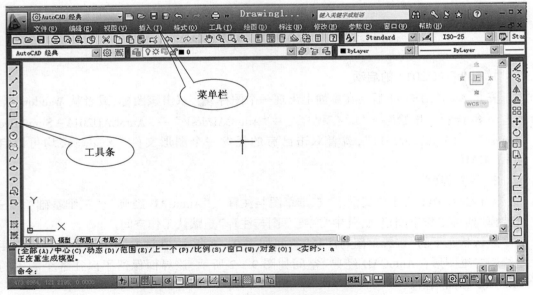

图 9-2 "AutoCAD 经典"空间

(4) 功能区:单击功能区选项板上的图标,即可输入相应的命令。

此外,在命令行出现提示符"命令:"时,按回车键或空格键,可重复执行上一个命令;还可右击鼠标输入命令。

(5) 命令的终止、放弃(Undo)与重做(Redo)。

① 按下"Esc"键可终止或退出当前命令。

② "放弃(Undo)"即撤销上一个命令的动作,单击"快速访问工具栏"上的"放弃"图标 即可撤销上一个命令的动作。例如,用户可以用"放弃"命令将误删除的图形进行

恢复。

③"重做(Redo)"即恢复上一个用"放弃(Undo)"命令放弃的动作,单击"快速访问工具栏"上的"重做"图标即可恢复所放弃的动作。

4. 命令行中特定符号的含义

例如:绘制直径为 20 的圆时,命令行显示的操作步骤如下:

```
命令:c
CIRCLE 指定圆的圆心或 [三点(3P)/两点(2P)/切点、切点、半径(T)]:
指定圆的半径或 [直径(D)] <15.0000>:d
指定圆的直径 <30.0000>:20
```

其中,特定符号的含义如下:

"[　]":方括号中的内容表示命令的功能,如"三点(3P)",表示三点画圆。
"／":分隔命令的不同功能。
"(　)":选择命令的某一功能时,只需键入圆括号内的内容,按回车键即可选中。
"<　>":尖括号中的内容为系统默认参数或选项,直接按回车键即可选中。

5. 图形的显示控制

计算机显示屏幕的大小是有限的。AutoCAD 提供的显示控制命令可以平移和缩放图形。缩放命令"Zoom"的作用是放大或缩小对象的显示;平移命令"Pan"的作用则是移动图形,不改变图形显示的大小。具体的应用方法如下:

(1) 单击"视图"选项卡的"导航"面板上的图标。

(2) 单击"标准"工具栏上的图标。

(3) 在绘图区域右击鼠标,在弹出的快捷菜单中选择"平移(A)"或"缩放(Z)"。

(4) 滚动鼠标滚轮,直接执行实时缩放的功能;双击滚轮按钮,可以缩放到图形范围,即只显示有图形的区域;按住滚轮按钮并拖动鼠标,可直接平移视图。

(5) 从键盘输入 Zoom、Pan 命令。

6. 图形文件的基本操作

1) 新建图形文件

AutoCAD2011 提供了多种创建新图形文件的主法,主要有以下两种:

(1) 自动新建图形文件。启动 AutoCAD 时,系统自动按默认参数创建一个暂名为 drawing1.dwg 的空白图形文件。

(2) 用"选择样板"对话框新建图形文件。启动 AutoCAD 后,单击快速访问工具栏中的"新建"图标,或单击"应用程序"按钮→"新建",将出现如图 9 – 3 所示的"选择样板"对话框。选择"acadiso.dwg"公制样板,单击"打开"按钮,进入新图形工作界面。

开始绘图前还应对工作界面进行以下设置:

① 用图形界限命令"Limits"设置绘图范围;
② 单击状态栏上"栅格"图标,显示栅格;
③ 用缩放命令"Zoom"的"全部(A)"功能,使栅格显示在整个绘图区域。

【例 9 – 1】 设置"A2"绘图界限。

操作步骤如下:

命令: limits(键入 limits 并回车)
重新设置模型空间界限:
指定左下角点或 [开(ON)/关(OFF)] <0.0000,0.0000>:
指定右上角点 <420.0000,297.0000>: 594,420(键入图纸右上角坐标)
单击状态栏上栅格图标 ▦,打开栅格显示。
命令: z(键入 z 并回车)
ZOOM
指定窗口的角点,输入比例因子（nX 或 nXP),或者
[全部(A)/中心(C)/动态(D)/范围(E)/上一个(P)/比例(S)/窗口(W)/对象(O)] <实时>: a
正在重生成模型。

图 9-3 "选择样板"对话框

2) 打开已有图形文件

对于已经保存的"*.dwg"格式的图形文件,可以在 AutoCAD 工作环境中将其打开,然后进行查看或编辑处理。

（1）用"选择文件"对话框打开图形文件。单击快速访问工具栏中的"打开"图标 ,或单击 →"打开",将出现如图 9-4 所示的"选择文件"对话框。选择一个或多个文件后单击"打开"按钮,即可打开指定的图形文件。

图 9-4 "选择文件"对话框

（2）双击"*.dwg"格式的图形文件,可以自动启动 AutoCAD2011 并打开图形文件。

7. 绘图环境的基本设置

1）绘图窗口背景的设置

打开图9-5所示"选项"对话框,可进行各种设置。打开"选项"对话框的方法:①单击"应用程序"按钮 →"选项";②单击"工具(V)"菜单→"选项(N)..."。

绘图窗口背景的设置方法:在"选项"对话框中单击"显示"选项卡→"颜色"按钮→"图形窗口颜色"对话框→"二维模型空间"→"统一背景"→"黑"或其他。

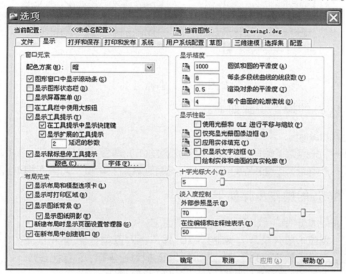

图9-5 "选项"对话框

2）文件保存设置

在 AutoCAD2011 中绘制的图形文件,通过设置,可以自动保存为较低版本的图形文件格式。文件保存设置方法:打开"选项"对话框,单击"打开和保存"选项卡→"文件保存"→"另存为(S)"→"AutoCAD2004/LT2004 图形(*.dwg)"。

3）工具栏的打开与关闭

利用鼠标可打开或关闭任一工具栏。将鼠标置于当前工具栏上,单击鼠标右键,在弹出的快捷菜单上选择所需要打开(或关闭)的工具栏。由于工具栏要占用屏幕空间,所以大部分工具栏只有在需要时才打开。

9.2 基本绘图命令

1. AutoCAD 坐标输入

用 AutoCAD 绘制工程图样大多要求精确定点,利用键盘输入点的坐标是实现精确定点的重要方法之一。坐标定点分为绝对坐标和相对坐标两种。

（1）绝对直角坐标的输入:绘制平面图形时,只需输入 X、Y 两个坐标值,每个坐标值之间用逗号相隔,如"30,20"。

（2）绝对极坐标的输入:极坐标包括距离和角度两个坐标值。其中距离值在前,角度值在后,两数值之间用小于符号"<"隔开,如"35<45"。

(3) 相对直角坐标的输入:在绝对直角坐标表达式前加@符号,如"@30,20"。

(4) 相对极坐标的输入:在绝对极坐标表达式前加@符号,如"@30<20"。

【例9-2】 绘制如图9-6所示的图形。

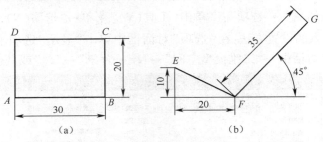

图9-6 坐标定点

绘图9-6(a)的操作步骤如下:

  命令:_rectang
  指定第一个角点或 [倒角(C)/标高(E)/圆角(F)/厚度(T)/宽度(W)]:(在屏幕上拾取点 A)
  指定另一个角点或 [面积(A)/尺寸(D)/旋转(R)]:@30,20(输入相对直角坐标,定位点 C)

绘图9-6(b)的操作步骤如下:

  命令:_line 指定第一点(在屏幕上拾取点 E)
  指定下一点或 [放弃(U)]:@20,-10(输入相对直角坐标,定位点 F)
  指定下一点或 [放弃(U)]:@35<45(输入相对极坐标,定位点 G)
  指定下一点或 [闭合(C)/放弃(U)](按空格键退出)

2. 基本绘图命令

任何复杂的图形都是由基本图元,如线段、圆弧、矩形和多边形等组成的,这些图元在AutoCAD 中称为对象。基本绘图命令的调用方法:①单击"常用"选项卡→"绘图"面板;②单击"绘图"工具栏按钮;③单击"绘图(D)"菜单;④键入命令。表9-1 中列出了常用绘图命令及其功能。

表9-1 常用绘图命令

图 标	命令/快捷键	功 能	图 标	命令/快捷键	功 能
	Line/L	绘制直线		Spline/SPL	绘制样条曲线
	Xline/XL	绘制两端无限长的构造线,作为作图辅助线		Ellipse/EL	绘制椭圆
	Pline/PL	绘制由直线、圆弧组成的多段线		Ellipse/EL	绘制椭圆弧
	Polygon/POL	绘制正多边形		Point/PO	绘制点
	Rectang/REC	绘制矩形		Bhatch/Hatch/BH/H	图案填充
	Arc/A	绘制圆弧		Region/REG	面域
	Circle/C	绘制整圆			

第9章 计算机绘图

1) 直线命令(Line)

使用"Line"命令绘制直线时,既可绘制单条直线,也可绘制一系列的连续直线。在连续画两条以上的直线时,可在"指定下一点:"提示符下输入"C"(闭合)形成闭合折线;输入"U"(放弃),删除直线序列中最近绘制的线段。

【例9-3】 用"Line"命令绘制如图9-6(a)所示矩形。

操作步骤如下:

  命令:_line 指定第一点:(拾取点 A)
  指定下一点或 [放弃(U)]:@30,0(拾取点 B)
  指定下一点或 [放弃(U)]:@0,20(拾取点 C)
  指定下一点或 [闭合(C)/放弃(U)]:@-30,0(拾取点 D)
  指定下一点或 [闭合(C)/放弃(U)]:c(键入 C)

2) 矩形命令(Rectang)

使用"Rectang"命令可以绘制如图9-7所示的直角矩形、倒角矩形、圆角矩形等。

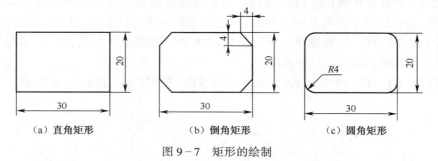

(a) 直角矩形   (b) 倒角矩形   (c) 圆角矩形

图9-7 矩形的绘制

【例9-4】 用"Rectang"命令绘制如图9-7(c)所示的矩形。

操作步骤如下:

  命令:_rectang 当前矩形模式: 圆角=2.00
  指定第一个角点或 [倒角(C)/标高(E)/圆角(F)/厚度(T)/宽度(W)]:f(键入 F)
  指定矩形的圆角半径 <2.00>:4(键入圆角半径4)
  指定第一个角点或 [倒角(C)/标高(E)/圆角(F)/厚度(T)/宽度(W)]:(在屏幕上拾取矩形的左下角点)
  指定另一个角点或 [面积(A)/尺寸(D)/旋转(R)]:@30,20(键入矩形右上角点的相对坐标并回车)

3) 正多边形命令(Polygon)

使用"Polygon"命令,可以绘制由3~1024条边组成的正多边形。正多边形的画法有如下三种:①根据边长画正多边形,如图9-8(a)所示;②指定圆的半径,画内接于圆的正多边形,如图9-8(b)所示;③指定圆的半径,画外切于圆的正多边形,如图9-8(c)所示。

【例9-5】 绘制如图9-8(b)所示的内接于圆的正六边形。

操作步骤如下:

  命令:_polygon 输入侧面数 <4>:6(键入六边形的边数6)

指定正多边形的中心点或［边(E)］：(在屏幕上拾取任一点作为六边形的中心)
输入选项［内接于圆(I)/外切于圆(C)］<C>：i(键入I并回车)
指定圆的半径：10(键入圆的半径10并回车)

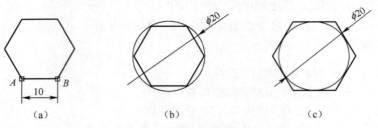

图9-8 正多边形画法

4) 圆命令(Circle)

圆命令用于创建一个完整的圆,共包含6种绘制圆的方法:①指定圆心和半径画圆;②指定圆心和直径画圆;③"两点"画圆,即通过指定圆周上直径的两个端点画圆;④"三点"画圆,即通过指定圆周上的三点画圆;⑤"相切、相切、半径"画圆,即通过指定与圆相切的两个对象(直线、圆弧或圆),然后给出圆的半径画圆;⑥"相切,相切,相切"画圆,即通过指定与圆相切的三个对象画圆。

【例9-6】 作一个与三条已知线(直线或圆)相切的圆,如图9-9所示。

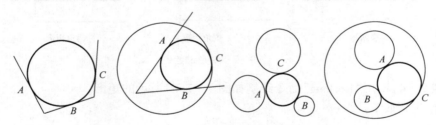

图9-9 "相切,相切,相切"模式画圆

单击"绘图"面板上圆形图标旁的小三角 ⊙·,选择 相切,相切,相切,则命令行显示绘制圆的步骤如下:

命令：_circle 指定圆的圆心或［三点(3P)/两点(2P)/切点、切点、半径(T)］：_3p 指定圆上的第一个点：_tan 到(在 A 点所在线上捕捉切点 A)

指定圆上的第二个点：_tan 到(在 B 点所在线上捕捉切点 B)

指定圆上的第三个点：_tan 到(在 C 点所在线上捕捉切点 C)

5) 椭圆命令(Ellipse)

"Ellipse"命令用来绘制椭圆、椭圆弧和正等轴测图中的圆。可以通过定义椭圆轴的两端点以及指定中心点两种方式绘制椭圆。

【例9-7】 绘制图9-10所示的椭圆。

操作步骤如下:

命令：_ellipse

指定椭圆的轴端点或[圆弧(A)/中心点(C)]:(在屏幕上拾取 A 点)
指定轴的另一个端点:30(启动正交,键入 30 并回车)
指定另一条半轴长度或[旋转(R)]:10(键入半轴长度 10)

6) 图案填充(Bhatch 或 Hatch)

使用"Bhatch 或 Hatch"命令,可以绘制如图 9-11 所示的图案。具体操作时需选择图案填充类型,设置"角度和比例",确定封闭的填充边界。

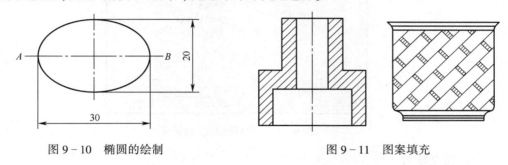

图 9-10 椭圆的绘制　　　　　　图 9-11 图案填充

9.3 精确绘图辅助工具

1. "状态栏"按钮

AutoCAD 为精确绘图提供了很多工具。如图 9-12 所示的"状态栏"按钮大多是精确绘图工具。AutoCAD 默认状态下显示图 9-12(a)所示的图标按钮。通过右击状态栏上的任意按钮,在弹出的快捷菜单中选择"√使用图标(U)",则显示图 9-12(b)所示的文字按钮。

(a) 图标按钮

(b) 文字按钮

图 9-12 "状态栏"按钮

2. "草图设置"对话框

在应用精确绘图工具之前,通常需要使用图 9-13 所示的"草图设置"对话框进行设置。打开对话框的方法:①在状态栏用鼠标右键单击"对象捕捉"按钮→"设置(S)…";②单击"工具(T)"菜单→"草图设置(F…)";③单击"对象捕捉"工具栏→ 。

3. 栅格捕捉

栅格是覆盖在绘图区域上的一系列排列规则的点阵图案。单击状态栏"栅格显示"按钮 ,或按下 F7 键,可实现栅格显示的打开或关闭。单击"栅格捕捉"按钮 ,开启栅格捕捉功能后,可精确地捕捉到特定的坐标点。

栅格捕捉的设置:在"草图设置"对话框中单击"捕捉和栅格"选项卡。

图 9-13 "草图设置"对话框

4. 正交模式

在进行绘图或编辑修改操作时,经常需要在水平或垂直方向指定下一点的位置。打开"正交"模式,可以将光标限制在水平或垂直方向移动,从键盘输入两点间的距离并回车,即可实现点的精确定位。

单击状态栏"正交模式"按钮,或按下 F8 键,可打开或关闭正交模式。

【例 9-8】 用"Line"命令和"正交模式"绘制图 9-6(a)。

操作步骤如下:

  命令:_line 指定第一点:(启动正交,在屏幕上拾取点 A)
  指定下一点或 [放弃(U)]: 30(向右移动鼠标,键入 30,确定 B 点)
  指定下一点或 [放弃(U)]: 20(向上移动鼠标,键入 20,确定 C 点)
  指定下一点或 [闭合(C)/放弃(U)]: 30(向左移动鼠标,键入 30,确定 D 点)
  指定下一点或 [闭合(C)/放弃(U)]: c(键入 C 并回车)

5. 极轴追踪

极轴追踪是指按预先设定的角度增量来追踪坐标点。

单击状态栏"极轴追踪"按钮,或按下 F10 键,可打开或关闭"极轴追踪"。

极轴追踪的设置:在"草图设置"对话框中单击"极轴追踪"选项卡→增量角(I)。

【例 9-9】 用 line 命令以及"极轴追踪"绘制如图 9-14 所示的直线 AB。

操作步骤如下:

  命令:_line 指定第一点:(在屏幕上拾取 A 点)
  指定下一点或 [放弃(U)]: 35(向右上角移动鼠标,当出现参考线和极坐标时,键入 30,确定 B 点)
  指定下一点或 [放弃(U)]:(回车退出命令)

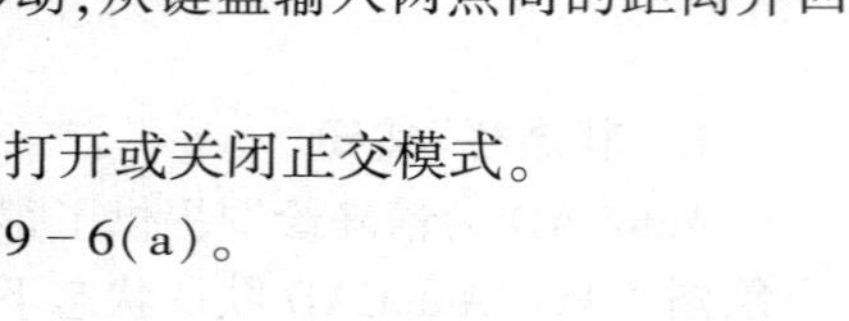

图 9-14 极轴追踪

6. 对象捕捉

对象捕捉是指将需要输入的点定位在现有对象的特定位置上(即特征点),如端点、中点、圆心、切点、节点、交点等,而无须计算这些点的精确坐标。指定对象捕捉时,光标将变为对象捕捉靶框,单击鼠标即可捕捉到对象的特征点。

1) 临时对象捕捉

在命令行出现"指定点"提示时,在图 9-15 所示的对象捕捉工具栏中插入临时命令来打开捕捉模式。

图 9-15 对象捕捉工具栏

【例 9-10】 利用临时对象捕捉绘制图 9-16(a)所示的公切线 AB。

操作步骤如下:

命令:_line 指定第一点:_tan 到(单击图标◯,插入 Tan 命令后,将鼠标移到 A 点附近捕捉切点 A,如图 9-16(b)所示)

指定下一点或[放弃(U)]:_tan 到(重复上述操作,在 B 点附近捕捉切点 B)

指定下一点或[放弃(U)]:(按空格键退出命令)

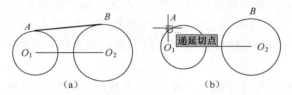

图 9-16 对象捕捉

2) 自动对象捕捉

临时对象捕捉可以比较灵活地选择捕捉方式,但是操作比较烦琐,每次遇到选择点的提示后,必须插入临时命令。因此 AutoCAD 提供了另一种自动对象捕捉模式,开启该模式,即可使其始终处于运行状态,直到手动关闭为止。

单击状态栏的"对象捕捉"按钮▢,可启动或关闭自动对象捕捉功能。

自动对象捕捉类型的设置:在"草图设置"对话框中,单击"对象捕捉"选项卡,勾选常用对象捕捉类型,如端点、圆心、交点等。

7. 对象捕捉追踪

对于无法用对象捕捉直接捕捉到的某些点,利用对象追踪可以快捷地定义这些点的位置。根据现有对象的特征点定义新的坐标点。

单击状态栏"对象捕捉追踪"按钮∠,或按下 F11 键,可打开或关闭"对象捕捉追踪"。

对象捕捉追踪必须配合自动对象捕捉完成,即使用对象捕捉追踪的时候,必须将状态栏上的对象捕捉同时打开,并且设置相应的捕捉类型。

在画立体三视图时,利用"对象捕捉追踪",可以确保 3 个视图"长对正、高平齐、宽相等"。

【例 9-11】 绘制图 9-17(a)所示螺母的三视图。

绘图步骤如下:

(1) 用多边形命令绘制六边形(俯视图)。

(2) 同时启动"极轴"、"对象捕捉"、"对象追踪"3 个按钮。

(3) 绘主视图。执行 line 命令,先确定 1′点位置(见图 9-17(b)),然后确定 2′点位置(见图 9-17(b)),再依次确定其他各点位置,画出主视图。

(4) 绘左视图。

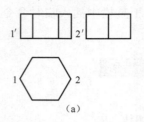 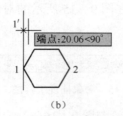 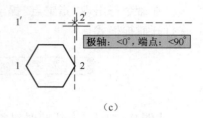

(a)　　　　　　　　　(b)　　　　　　　　　(c)

图 9-17　"螺母三视图"画法

9.4　基本编辑命令

1. 选择对象的方法

对图形中的一个或多个对象进行编辑时,首先要选择被编辑的对象。

执行编辑命令时,命令行将会显示"选择对象"提示,此时,十字光标将会变成一个拾取框,选中对象后,AutoCAD 用虚线显示它们。常用的选择方法如下。

1) 直接拾取

用鼠标将拾取框移到要选取的对象上,单击鼠标左键选取对象。此种方式为默认方式,可以连续选择一个或多个对象。

2) 选择全部对象

在"选择对象"提示时,键入 ALL 并回车,该方式可以选择全部对象。

3) 窗口方式

用于在指定的范围内选取对象,在"选择对象"提示时,在指定第一个角点之后,从左向右拖动出一窗口来选取对象,完全被矩形窗口围住的对象被选中。

4) 窗口交叉方式

从右向左拖动一矩形窗口,该方式不仅选取包含在窗口内的对象,而且会选取与窗口边界相交的所有对象。

2. 基本编辑命令及其应用

图形编辑是指对已有的图形对象进行删除、复制、移动、旋转、缩放、修剪、延伸等操作。编辑修改命令的调用方法:①单击"常用"选项卡→"修改"面板;②单击"修改"工具栏按钮;③单击"修改(M)"菜单;④键入命令。表 9-2 中列出了常用编辑命令及其功能。

1) 删除命令(Erase)

执行"Erase"命令,按照命令行"选择对象"提示,选择要删除的图形并回车,则被选中的图形被删除。

若先选择对象,后执行"Erase"命令,或按"Delete"键,也可删除被选中的图形。

2) 复制命令(Copy)

使用"Copy"命令可以把选定的图形进行一次或多次复制。

表 9-2 常用编辑命令

图标	命令→快捷键	功　能	图标	命令/快捷键	功　能
	Erase/E	删除画好的图形或全部图形		Offset/O	绘制与原图形平行的图形
	Copy/CO/CP	复制选定的图形		Array/AR	将图形复制成矩形或环形阵列
	Mirror/MI	画出与原图形相对称的图形		Move/M	将选定图形位移
	Rotate/RO	将图形旋转一定的角度		Break/BR	将直线或圆、圆弧断开
	Scale/SC	将图形按给定比例放大或缩小		Join/J	合并断开的直线或圆弧
	Stretch/S	将图形选定部分进行位伸或变形		Chamfer/CHA	对不平行的两直线倒斜角
	Trim/TR	对图形进行剪切,去掉多余的部分		Fillet/F	按给定半径对图形倒圆角
	Extend/EX	将图形延伸到某一指定的边界		Explode/X	将复杂实体分解成单一实体

【例 9-12】 如图 9-18 所示,用"Copy"命令在图 9-18(a)的基础上,按顺序完成图 9-18(c)。

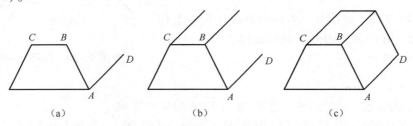

图 9-18 复制对象

绘制图 9-18(b)的操作步骤如下:

　　命令:_copy
　　选择对象:找到 1 个(拾取 AD 直线)
　　选择对象:(回车)
　　当前设置:复制模式 = 多个
　　指定基点或 [位移(D)/模式(O)] <位移>:(捕捉 A 点作为基点)
　　指定第二个点或 <使用第一个点作为位移>:(捕捉 B 点作为目标点)
　　指定第二个点或 [退出(E)/放弃(U)] <退出>:(捕捉 C 点作为目标点)
　　指定第二个点或 [退出(E)/放弃(U)] <退出>:(回车退出)

重复执行"COPY"命令,将 ABC 折线自 A 处复制到 D 点位置,如图 9-18(c)所示。

3) 镜像命令(Mirror)

使用"Mirror"命令可以把所选对象作镜像复制,即生成与原对象对称的图形,如

图9-19所示。

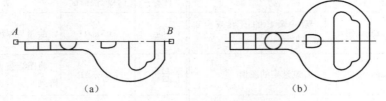

图9-19 镜像复制对象

【例9-13】 用"Mirror"命令在图9-19(a)的基础上,完成图9-19(b)。
操作步骤如下:

  命令:_mirror
  选择对象:指定对角点:找到30个(窗口交叉选择30个对象)
  选择对象:
  指定镜像线的第一点:<打开对象捕捉>(捕捉对称线上点A)
  指定镜像线的第二点:(捕捉对称线上点B)
  要删除源对象吗? [是(Y)/否(N)] <N>:(回车退出)

4) 偏移命令(Offset)

使用"Offest"命令可以绘制与原对象平行的对象,若偏移的对象为封闭图形,则偏移后图形被放大或缩小。

【例9-14】 将图9-20中的直线A向左上偏移5,图9-20中的六边形B向外偏移5。

操作步骤如下:

图9-20 偏移复制对象

  命令:_offset
  当前设置:删除源=否 图层=源 OFFSETGAPTYPE=0
  指定偏移距离或 [通过(T)/删除(E)/图层(L)] <5.00>: 5(键入偏移距离5)
  选择要偏移的对象,或 [退出(E)/放弃(U)] <退出>:(拾取直线A)
  指定要偏移的那一侧上的点,或 [退出(E)/多个(M)/放弃(U)] <退出>:(在直线A的左上方拾取一点)
  选择要偏移的对象,或 [退出(E)/放弃(U)] <退出>:(拾取六边形B)
  指定要偏移的那一侧上的点,或 [退出(E)/多个(M)/放弃(U)] <退出>:(在六边形外拾取一点)
  选择要偏移的对象,或 [退出(E)/放弃(U)] <退出>:(回车退出)

5) 阵列命令(Array)

使用"Array"命令可以将所选对象按矩形阵列或环形阵列做多重复制,"阵列"操作对话框如图9-21所示。

【例9-15】 将图9-22(a)复制成图9-22(b)。
操作步骤如下:

  命令:_array(选择环形阵列,输入参数)

指定阵列中心点:(捕捉小圆圆心作为中心点)
选择对象:指定对角点:找到 10 个
选择对象:(回车确定)

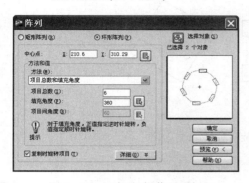

图 9-21 "阵列"操作对话框

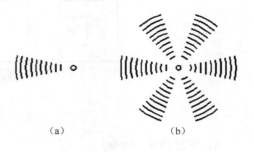

图 9-22 阵列复制对象

6) 移动命令(Move)

使用"Move"命令可以将所选对象从当前位置移到一个新的指定位置。

【例 9-16】 将图 9-23(a)中的两个同心小方框自 A 点移动到 B 点,如图 9-23(b)所示。

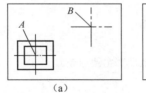
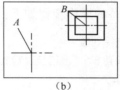

图 9-23 移动对象

操作步骤如下:

命令:_move
选择对象:指定对角点:找到 2 个(窗口交叉方式选择两个小方框)
选择对象:(回车)
指定基点或 [位移(D)] <位移>:_int 于(捕捉 A 点作为基点)
指定第二个点或 <使用第一个点作为位移>:(捕捉 B 点作为目标点)

7) 旋转命令(Rotate)

使用"Rotate"命令可以使图形对象绕某一基准点旋转,改变其方向。

【例 9-17】 将图 9-24(a)中的图形逆时针旋转 30°,如图 9-24(b)所示。
操作步骤如下:

命令:_rotate
UCS 当前的正角方向:ANGDIR=逆时针 ANGBASE=0
选择对象:指定对角点:找到 9 个(窗口交叉方式选择对象)
选择对象:(回车)

指定基点:(捕捉 A 点作为基点,如图 9-24(b)所示)
指定旋转角度,或[复制(C)/参照(R)]<300>:30(键入 30)

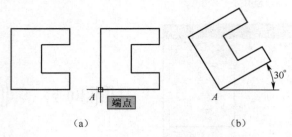

图 9-24 旋转对象

8) 缩放命令(Scale)

使用"Scale"命令可以在各个方向等比例放大或缩小原图形对象。可以采用"指定比例因子"和选择"参照(R)"两种方式进行缩放。

【例 9-18】 在图 9-25(a)的基础上缩放表面粗糙度符号,缩放效果分别如图 9-25(b)和图 9-25(c)所示。

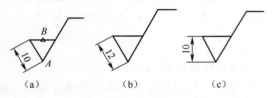

图 9-25 缩放对象

缩放至图 9-25(b)的操作步骤如下:

  命令:_scale 选择对象:
  指定对角点:找到 5 个(窗口交叉方式选择全部对象)
  选择对象:(回车)
  指定基点:(捕捉基点 A)
  指定比例因子或[复制(C)/参照(R)]:1.2(键入比例因子 1.2)

缩放至图 9-25(c)操作步骤如下:

  命令:_scale
  选择对象:指定对角点:找到 5 个(窗口交叉方式选择全部对象)
  选择对象:(回车)
  指定基点:(捕捉基点 A)
  指定比例因子或[复制(C)/参照(R)]:r(选择"参照"方式)
  指定参照长度<1.00>:指定第二点:(捕捉交点 A 和中点 B,A、B 两点的距离即参照长度)
  指定新的长度或[点(P)]<1.00>:10(键入 A 点和 B 点距离新长度 10)

9) 拉伸命令(Stretch)

使用"Stretch"命令可以将选定的对象进行拉伸或压缩。使用"Stretch"命令时,必须用"窗口交叉"方式来选择对象,与窗口相交的对象被拉伸,包含在窗口内的对象则被移动。

【例 9-19】 在图 9-26(a)的基础上进行拉伸操作,使轴的总长由 30 拉伸至 40,如图 9-26(c)所示。

操作步骤如下:

命令:_stretch 以交叉窗口或交叉多边形选择要拉伸的对象
选择对象:指定对角点:找到 12 个(以窗口交叉方式选择对象,将尺寸 10 包含在窗口内,如图 9-26(b)所示)
选择对象:(回车)
指定基点或 [位移(D)] <位移>:(任取一点作为基点)
指定第二个点或 <使用第一个点作为位移>: <正交 开> 10(打开正交模式,沿 x 轴正向移动鼠标,输入伸长量 10,回车)

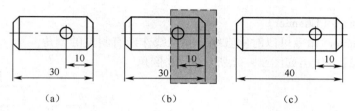

图 9-26 拉伸对象

10) 修剪命令(Trim)

使用"Trim"命令,以指定的剪切边为界修剪选定的图形对象。

【例 9-20】 在图 9-27(a)的基础上进行修剪操作,完成键槽的图形,如图 9-27(b)所示。

操作步骤如下:

命令:_trim
当前设置:投影=UCS,边=无
选择剪切边…
选择对象或 <全部选择>:找到 1 个(拾取 A)
选择对象:找到 1 个,总计 2 个(拾取 B)
选择对象:(回车)
选择要修剪的对象,或按住 Shift 键选择要延伸的对象,或[栏选(F)/窗交(C)/投影(P)/边(E)/删除(R)/放弃(U)]:(拾取 C)
选择要修剪的对象,或按住 Shift 键选择要延伸的对象,或[栏选(F)/窗交(C)/投影(P)/边(E)/删除(R)/放弃(U)]:(拾取 D)
选择要修剪的对象,或按住 Shift 键选择要延伸的对象,或[栏选(F)/窗交(C)/投影(P)/边(E)/删除(R)/放弃(U)]:(回车)

11) 延伸命令(Extend)

使用"Extend"命令可以将选定的对象延伸到指定的边界。在图 9-28(a)中,A 为边界,B 和 C 为要延伸的对象。

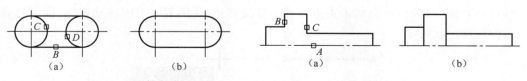

图 9-27 修剪对象　　　　　　图 9-28 延伸对象

12) 打断命令(Break)

使用"Break"命令可以删除对象的一部分或将所选对象分解成两部分。

【例 9 – 21】 如图 9 – 29 所示,将直线打断成两部分。

操作步骤如下：

　　命令:_break
　　选择对象:(拾取 A 点)
　　指定第二个打断点 或 [第一点(F)]:(拾取 B 点)

13) 倒角命令(Chamfer)

使用"Chamfer"命令可以对两直线或多义线作出有斜度的倒角。

【例 9 – 22】 作出如图 9 – 30 所示的 AB 倒角。

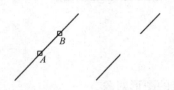
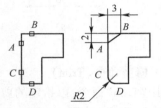

图 9 – 29 打断对象　　　　　　图 9 – 30 倒角与倒圆角

操作步骤如下：

　　命令:_chamfer
　　("修剪"模式) 当前倒角距离 1 = 2.00,距离 2 = 2.00
　　选择第一条直线或 [放弃(U)/多段线(P)/距离(D)/角度(A)/修剪(T)/方式(E)/多个(M)]:d(键入 d 并回车)
　　指定 第一个倒角距离 <2.00>:(回车)
　　指定 第二个倒角距离 <2.00>:3(键入 3)
　　选择第一条直线或 [放弃(U)/多段线(P)/距离(D)/角度(A)/修剪(T)/方式(E)/多个(M)]:(拾取 A)
　　选择第二条直线,或按住 Shift 键选择要应用角点的直线:(拾取 B)

14) 圆角命令(Fillet)

使用"Fillet"命令可以在直线、圆弧或圆间按指定半径作圆角,也可以对多段线倒圆角。绘制图 9 – 30 所示的 CD 圆角,需先定义圆角半径 2,然后拾取 C、D 两直线作出圆角。

15) 夹点编辑

使用夹点功能可以方便地进行拉伸、移动、旋转、缩放等编辑操作。

如图 9 – 31 所示,在不输入任何命令时选择对象(直线),此时在直线上将出现三个蓝色小方框(称为夹点);单击夹点 B 使其变成红色;再沿着 x 方向移动鼠标,即可将直线拉伸到指定的长度。

图 9 – 31 夹点编辑

9.5 图层及其应用

图层是用户用来组织和管理图形最为有效的工具。一个图层就像一张透明的图纸,不同的图元对象设置在不同的图层。将这些透明纸叠加起来,就可以得到最终的图形。

1. 图层的创建

图层的创建在图 9 – 32 所示"图层特性管理器"对话框中进行。打开对话框的方法:①键入"Layer"并回车;②单击"常用"选项卡→"图层"面板→ ;③单击"格式(O)"菜单→"图层(L)…";④单击"图层"工具栏按钮 。

在图 9 – 32 中,单击"新建图层"按钮 ,即可创建新图层,并命名图层、设置图层状态和属性。

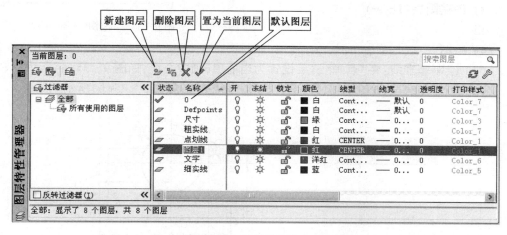

图 9 – 32 图层特性管理器

创建图 9 – 32 所示图层的步骤如下:

(1) 执行"Layer"命令,打开"图层特性管理器"对话框。

(2) 在"图层特性管理器"对话框中单击"新建"按钮,新的图层以临时名称"图层 1"显示在列表中,并采用默认设置的特性。

(3) 输入新的图层名,如"点画线"。

(4) 修改图层颜色、线型、线宽等特性。

(5) 重复步骤(2)、(3)、(4),创建"粗实线"、"细实线"、"尺寸"、(文字)等图层。

(6) 设置当前图层。

(7) 单击左上角图标 ,退出"图层样式管理器"对话框。

在绘图过程中设置当前图层的方法:打开"图层工具条"或"图层面板"下拉列表,单击图层名称,如图 9 – 33 所示。

图 9 – 33 "图层"下拉列表

2. AutoCAD 绘制平面图形

绘制平面图形时,应先对其进行线段分析,以确定画图顺序,即先画已知线段,再画中间线段,最后画连接线段。

【例 9-23】 绘制如图 9-34 所示拖钩的平面图形。

作图步骤如下。

1) 新建图形文件

单击"新建"图标,选择"acadiso.dwt"公制样板,图形文件命名为"拖钩"。

2) 设置工作界面(Limits Zoom Grid)

略。

3) 创建图层(Layer)

略。

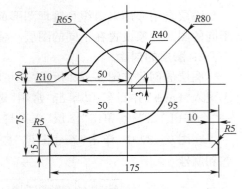

图 9-34 "拖钩"平面图形

4) 绘图

(1) 绘制基准线:将"点画线"层设置为当前层,画中心线,如图 9-35(a)所示。

(2) 画已知线段($R10$、$R40$、$175×15$ 矩形、直线 L_1),如图 9-35(b)所示。

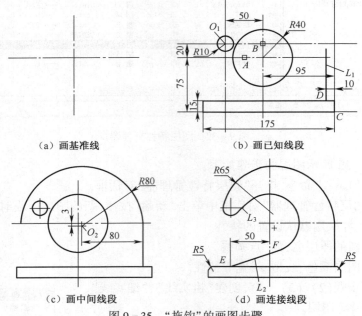

(a) 画基准线　　　　　(b) 画已知线段

(c) 画中间线段　　　　(d) 画连接线段

图 9-35 "拖钩"的画图步骤

① $R10$ 圆弧:根据圆心尺寸(20、50),用构造线(Xline)命令的"偏移(O)"功能,定出圆弧圆心,画出整圆及其中心线。

确定 $R10$ 圆心"O_1"的操作步骤如下:

命令: _xline 指定点或 [水平(H)/垂直(V)/角度(A)/二等分(B)/偏移(O)]: o
指定偏移距离或 [通过(T)] <20.00>: 20

选择直线对象:(拾取 A)
指定向哪侧偏移:(在 A 上方拾取任意点)
选择直线对象:(回车,得一水平线)
命令:(回车)
XLINE 指定点或 [水平(H)/垂直(V)/角度(A)/二等分(B)/偏移(O)]: o
指定偏移距离或 [通过(T)] <20.00>: 50
选择直线对象:(拾取 B)
指定向哪侧偏移:(在 B 左侧拾取任意点)
选择直线对象:(回车,得一垂直线)

水平线和垂直线的交点即圆心"O_1"。

② R40 圆弧:用圆命令画整圆。

③ 175×15 矩形:根据矩形顶点 C 的定位尺寸(95、75),用构造线(Xline)命令的"偏移(O)"功能确定矩形顶点 C;用直线命令并打开"正交模式"画矩形或用矩形命令画矩形。

④ 直线 L_1:该直线的起点是矩形上的 D 点,利用"对象捕捉追踪"确定直线的起点位置,并画出直线 L_1。

(3) 画中间线段($R80$),如图 9-35(c)所示。$R80$ 圆弧与直线 L_1 相切,其圆心的一个定位尺寸为 3。根据这两个条件以及偏移(Offest)命令可确定其圆心 O_2 的位置。

(4) 画连接线段($R65$、$R5$、直线 L_2、L_3),如图 9-35(d)所示。

① $R65$ 圆弧:$R65$ 圆弧与 $R10$ 及 $R80$ 圆弧均内切。可先用圆(Circle)命令的"相切,相切半径"方式画圆,然后再作修剪。

② 直线 L_2:该直线的起点是矩形上的 E 点,打开"对象捕捉追踪"确定起点 E 的位置,插入切点捕捉命令确定终点 F。

③ 直线 L_3:该直线的起点是与 $R10$ 圆弧相切的切点,端点是与 $R40$ 圆弧相切的切点。

④ R_5 圆弧:用圆角(Fillet)命令直接画出。

5) 整理图形

(1) 修剪线段,如剪去两切点间的圆弧。

(2) 删除作图辅助线。

(3) 利用夹点编辑功能调整中心线长度。

(4) 打开状态栏上的线宽按钮,调整各个图层上的对象,完成全图。

6) 存盘退出

将所作图形进行保存,然后退出。

9.6 文字注写与尺寸标注

1. 文字注写

1) 文字样式的创建

文字样式的创建、设置与修改在图 9-36 所示的对话框中进行,单击"新建"按钮即可新建文字样式。打开对话框的方法:①键入"Style"或"ST"并回车;②单击"注释"选项卡→"文字"面板→ ；③单击"格式(O)"菜单→"文字样式(S)…"；④单击"样式"工具栏→ 。

在机械图样中，一般创建如下两种文字样式：

（1）汉字。字体：仿宋_GB2312；宽度因子：0.7；其他为默认设置。

（2）数字和字母。字体：gbeitc.shx；其他为默认设置。

图 9-36　文字样式的创建与设置

2) 设置当前文字样式

设置当前文字样式的方法：①单击"注释"选项卡→"文字"面板→ Standard ；②单击"样式"工具栏 → A Standard 。

3) 注写文字命令

AutoCAD 提供了两种文字注释形式：单行文字(Text)和多行文字(Mtext)。这里介绍常用的多行文字命令(Mtext)。

利用 AutoCAD 中提供的文字编辑器可输入和编辑文字，如图 9-37 所示。打开文字编辑器的方法：①键入"Mtext"或"T"并回车；②单击"常用"选项卡→"注释"面板→A；③单击"注释"选项卡→"文字"面板→A；④单击"绘图"工具栏→A。

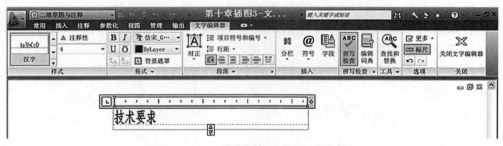

图 9-37　"二维草图与注释"文字编辑器

4) 特殊符号的输入

特殊符号是指键盘上没有的符号。在打开的"文字编辑器"中单击@图标，将弹出下拉菜单，选择菜单上的代码即可输入相应的符号。如选择"直径(I)%%C"，可输入符号"φ"。其他常用的代码有："%%d"代表符号"°"，"%%p"代表符号"±"。这些代码也可以从键盘输入。

2. 尺寸标注

1) 尺寸标注命令

尺寸标注命令的调用方法：①单击"常用"选项卡→"注释"面板；②单击"注释"选项卡→"标注"面板；③单击"标注"菜单；④单击"标注"工具栏按钮。常用标注命令及其功能见表 9-3。

表 9-3 常用标注命令

图标	命令	功能	图标	命令	功能
	Dimlinear	线性标注		Dimbaseline	基线标注
	Dimaligned	对齐标注		Dimcontinur	连续标注
	Dimradius	半径标注		Mleader	引线标注
	Dimdiameter	直径标注		Tolerance	几何公差标注
	Dimangular	角度标注			

2) 尺寸样式的创建

尺寸样式的创建、设置与修改在图 9-38、图 9-39 所示的对话框中进行。打开"标注样式管理器"对话框的方法：①键入"Dimstyle"或"Dst"并回车；②单击"注释"选项卡→"标注"面板→ ；③单击"格式(O)"菜单→"标注样式(D)…"；④单击"样式"工具栏按钮 。

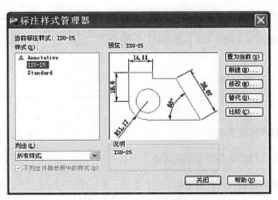
图 9-38 "标注样式管理器"对话框

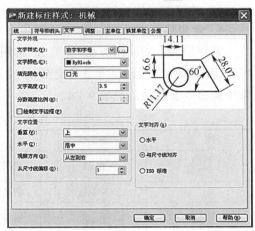
图 9-39 "新建标注样式"对话框

创建尺寸样式时，还可以建立用于"半径"、"直径"、"角度"标注的子样式，这些子样式的特征是尺寸数字一律为水平注写，如图 9-40 所示。

3) 设置当前标注样式

设置当前标注样式的方法：①单击"注释"选项卡→"标注"面板→ ISO-25 ；②单击"样式"工具栏按钮 。

4) AutoCAD 尺寸标注举例

【例 9-24】 标注图 9-34 所示"拖钩"的尺寸。

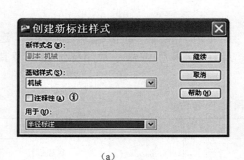 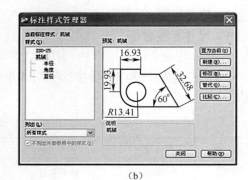

　　(a)　　　　　　　　　　　(b)

图 9-40　创建标注子样式

操作步骤如下：
(1) 创建一个用于尺寸标注的图层(如"尺寸"层)，置为当前层。
(2) 创建"拖钩"标注样式及子样式，置为当前尺寸样式。
(3) 标注线性尺寸。
(4) 标注圆弧半径。

9.7　块及其应用

　　块是绘制在几个图层上若干对象的组合。块是一个单独的对象，通过拾取块中的任一线段，就可以对块进行编辑。

1. 常用块命令

常用块命令的调用方法：①单击"常用"选项卡→"块"面板；②单击"插入"选项卡→"块"和"属性"面板；③单击"绘图(D)"菜单→块(K)；④单击"绘图"工具栏→ 🗔 。常用块命令及其功能见表 9-4。

表 9-4　常用块命令

图　标	命　令	功　能
🗔	Block	将所选图形定义成块
	Wblock	将已定义过的块存储为图形文件
📄	Insert	将块或图形插入当前图形中
🏷	Attdef	定义块属性。便于在插入块的同时加入粗糙度数值，实现图形与文本的结合

2. 块的应用

以"粗糙度"块为例加以说明。

1) 绘制块图形

按尺寸绘制"粗糙度"块的图形，如图 9-41 所示。

2) 定义块属性

执行"Attdef"命令，在弹出的对话框中给粗糙度符号添

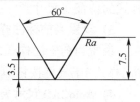

图 9-41　粗糙度符号

加属性,属性标记为"RA",设置情况如图 9-42 所示。单击"确定",将属性"RA"定位在图 9-43 中所示的位置。

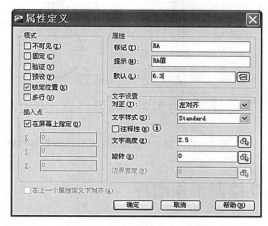

图 9-42 "属性定义"对话框

图 9-43 "属性"RA 的定位

3) 定义块

执行"Block"命令,利用"块定义"对话框将粗糙度符号和属性定义成块,设置情况如图 9-44 所示。

4) 写块

执行"Wblock"命令,在弹出的对话框中将所定义的"粗糙度"块存储为图形文件,使之可插入其他图形文件中。设置情况如图 9-45 所示。

图 9-44 "块定义"对话框

图 9-45 "写块"对话框

5) 插入块

利用"Insert"命令,在弹出的对话框中调入所需的块,设置情况如图 9-46 所示,其中"比例"与"旋转"两项也可根据实际绘图情况选择"在屏幕上指定"。

齿轮零件图的"粗糙度"标注如图 9-47 所示。

图 9-46 "插入"对话框

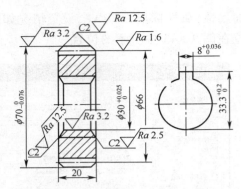
图 9-47 插入"粗糙度"块后的齿轮零件图

9.8 AutoCAD 绘制工程图样

1. 绘制产品三视图

在产品设计初期,一方面要用效果图来表达设计思想,另一方面还需要用三视图来表达产品的外形和尺寸。用 AutoCAD 绘制三视图时,应灵活运用构造线(Xline)命令,以及对象捕捉、极轴追踪、对象追踪等功能,以保证三视图之间的对应关系,提高绘图速度,保证精确作图。

【例 9-25】 绘制图 9-48 所示相机模型的三视图。

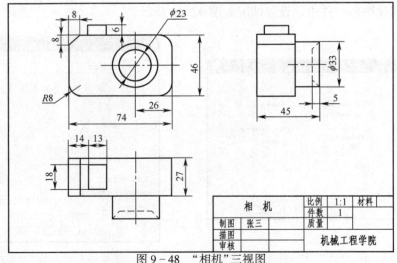
图 9-48 "相机"三视图

作图步骤如下:
(1) 创建图形文件,并命名为"相机"。
(2) 设置工作界面(Limits Zoom Grid)。
(3) 创建图层(Layer)、文字样式(Style)、尺寸样式(Dimstile)。
(4) 按 1∶1 比例绘制图形。
① 画相机主要形体的三视图,如图 9-49(a)所示。用矩形命令绘制该长方体的三

视图;用倒角命令作主视图中 8×8 的倒角,用圆角命令作三个 R8 圆角。

② 画镜头的三视图,如图 9-49(b)所示。用构造线命令的偏移功能确定镜头轴线的位置;用圆命令画镜头的主视图,再画其余两视图。

③ 确定快门的位置,画出其三视图,如图 9-49(c)所示。

(5) 标注尺寸。

(6) 添加或绘制标准幅面、图框和标题栏,整理图形,存盘退出。

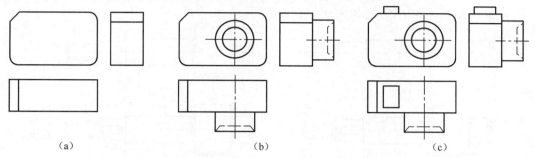

图 9-49 绘制"相机"三视图的步骤

2. 绘制零件图

绘制零件图时,还需要用到图案填充命令、粗糙度块等。不管输出后的图形比例为多少,零件图均采用 1 : 1 的比例绘制,以提高绘图速度;按 1 : 1 绘图以后,所标注的尺寸为零件的实际尺寸,如果需要缩小比例输出图形,则只需将图纸幅面放大相同的倍数。

【例 9-26】 绘制图 9-50 所示齿轮轴零件图。

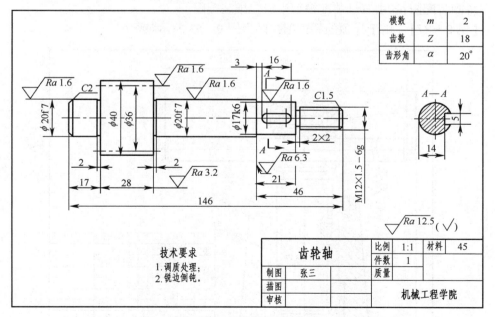

图 9-50 "齿轮轴"零件图

作图步骤如下:

(1) 新建图形文件,命名为"齿轮轴"。

（2）设置工作界面（Limits Zoom Grid）。
（3）创建图层（Layer）、文字样式（Style）、尺寸样式（Dimstile）、粗糙度块（Block）。
（4）按 1∶1 比例绘制图形。
① 绘制轴线及轴的一半轮廓，如图 9-51（a）所示。
② 镜像复制轴的另一半轮廓，如图 9-51（b）所示。
③ 绘制键槽，如图 9-51（c）所示。
④ 绘制断面和剖面线，如图 9-51（d）所示。

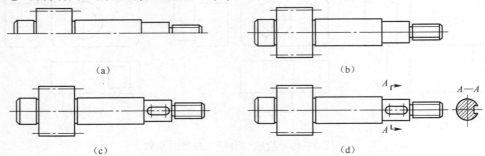

图 9-51 绘制"齿轮轴"零件图的步骤

（5）标注尺寸、粗糙度等技术要求。
（6）添加标准图框和标题栏，整理图形，存盘退出。

3. 绘制装配图

用 AutoCAD 绘制装配图主要有三种方法：①根据设计参数直接绘制装配图；②由零件图拼画装配图；③由三维装配模型生成二维装配图。

【例 9-27】 由千斤顶的零件图拼画出图 9-52 所示装配图。

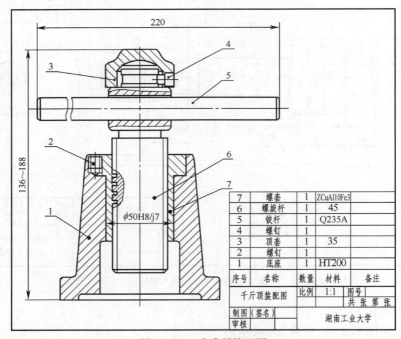

图 9-52 千斤顶装配图

作图步骤如下：
(1) 建立装配图文件，命名为"千斤顶装配图"。
(2) 按顺序打开"底座"、"螺套"、"螺旋杆"、"铰杆"、"顶垫"等零件图文件。将零件图中的相关视图（见图 9‐53）复制（Ctrl+C）、粘贴（Ctrl+V）到装配图文件中。

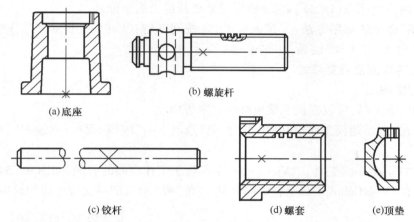

图 9‐53 千斤顶零件图

(3) 编辑图形，标注尺寸，零件序号，注写技术要求。
(4) 添加标准图框、标题栏和明细表，存盘退出。

9.9 AutoCAD 三维实体造型简介

AutoCAD 中有三类三维模型：线框模型、表面模型和实体模型，每种模型都有自己的创建方法。本节简要介绍三维实体模型的创建方法。

1. AutoCAD 的坐标体系

用 AutoCAD2011 创建三维实体模型时，可在"三维基础"或"三维建模"工作空间中进行。新建图形时使用"acadiso3D.dwt"公制样板图，则整个工作界面变成专为三维建模设置的环境，如图 9‐54 所示。

图 9‐54 三维建模工作空间

AutoCAD 通常在基于当前坐标系的 *XOY* 平面上进行绘图,这个 *XOY* 平面称为构造平面。在三维环境下绘图,需要不断地更改构造平面的位置和方向,即需要定义新的坐标系,以方便三维绘图。

(1) 世界坐标系(WCS)。符合右手定则,不能对其重新定义,是其他三维坐标系的基础。

(2) 用户坐标系(UCS)。它是根据需要重新定义的坐标系。

"UCS"命令的调用方法:①键入"UCS",按回车键;②在"三维建模工作空间"单击"视图"选项卡→"坐标"面板,如图9-55所示。

2. 三维视图及视觉样式

1) 三维视图

利用以下工具,可以变换三维模型的观察方向。

(1) 在"三维建模工作空间"单击"视图"选项卡→"视图"面板→"视图",如图9-56所示。

(2) "ViewCube"工具。"ViewCube"工具位于工作空间的右侧,如图9-54所示。将光标放置在"ViewCube"工具上,选择其"边""角"或"面",即可实现视图的转换。

图9-55 "UCS"面板　　　　　图9-56 "视图"面板

2) 视觉样式

视觉样式包括"二维线框"、"概念"、"隐藏"、"真实"、"着色"、"灰度"、"勾画"等,如图9-57所示。

视觉样式工具的调用方法:单击"视图"选项卡→"视觉样式"面板,如图9-58所示。

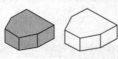

图9-57　视觉样式　　　　　　　　图9-58 "视觉样式"工具

2. 创建实体

在"三维建模"工作空间单击"实体"选项卡,得到创建实体的工具,如图9-59所示。利用"图元"工具,可以绘制基本实体,如长方体、球体、圆柱体、圆锥体、楔体和圆环等;利用"实体"工具,可以进行拉伸、旋转等操作;可以对实体进行布尔运算、剖切、加厚、压印、倒角和圆角等操作。

第 9 章 计算机绘图

图 9-59 创建"实体"工具

【例 9-28】 创建图 9-60(a)所示的"高脚杯"模型。
(1) 分析
高脚杯是一个典型的回转体,杯口边缘需要倒圆角。
(2) 绘图
① 绘制封闭的平面图形。
② 用"Region"命令将其定义成面域,如图 9-60(b)所示。
③ 用"Revolve"命令将其旋转 360°,创建旋转体。
④ 用"Filletedge"命令做杯口边缘圆角,完成实体建模,如图 9-60(a)所示。

【例 9-29】 创建图 9-61 所示的"圆凳"模型。
(1) 分析
圆凳由凳面、立柱和三只支脚组成。
(2) 绘图
① 凳面:用"Cylinder"命令绘制圆板,再用"Filletedge"命令在其边缘倒圆角,如图 9-62(a)所示。
② 立柱:用"Revolve"命令绘出,如图 9-62(b)所示。
③ 支脚:用"Extrude"命令绘出一只支脚,再用"Array"命令做环形阵列,绘出三只支脚。
④ 用"加运算"将凳面、立柱和三只支脚组合成一个整体,完成圆凳建模,如图 9-61 所示。

图 9-60 高脚杯

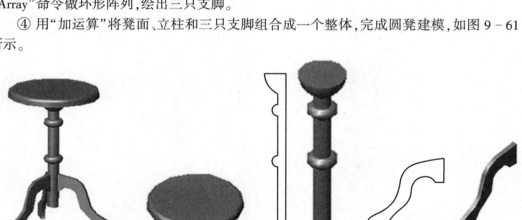

图 9-61 圆凳 图 9-62 创建圆凳模型的步骤

参 考 文 献

[1] 王菊槐,等. 工程制图[M]. 北京:国防工业出版社,2012.
[2] 刘东桑,等. 工程制图[M]. 北京:化学工业出版社,2012.
[3] 赵大兴. 工程制图[M]. 2版. 北京:高等教育出版社,2009.
[4] 刘克明. 中国工程图学史[M]. 武汉:华口科技大学出版社,2003.
[5] 何人可. 工业设计史[M]. 北京:北京理工大学出版社,2000.
[6] 窦忠强. 工业产品设计与表达[M]. 北京:高等教育出版社,2009.
[7] 倪献鸥. 工业设计应试指南[M]. 杭州:浙江人民美术出版社,2000.
[8] 王成刚. 工程图学简明教程[M]. 武汉:武汉理工大学出版社,2002.
[9] 周小灵. 艺术设计制图[M]. 长沙:中南大学出版社,2010.
[10] 焦永和,等. 工程制图[M]. 北京:高等教育出版社,2008.
[11] 邓学雄,等. 建筑图学[M]. 北京:高等教育出版社,2007.
[12] 王介民. 工业产品艺术造型设计[M]. 北京:清华大学出版社,1995.
[13] 聂桂平,等. 工业设计表现技法[M]. 北京:机械工业出版社,1998.
[14] 孙诚,等. 包装结构设计[M]. 2版. 北京:电子工业出版社,2001.
[15] 刘小伟,等. AutoCAD2011中文版实用教程[M]. 北京:电子工业出版社,2012.
[16] 全国技术产品文件标准化委员会. 技术产品文件标准汇编(机械制图卷)[S]. 北京:中国标准出版社,2009.